网络信息安全管理与防御对策探索

道仁那希　赵乌吉斯古楞　著

U0312230

汕头大学出版社

图书在版编目（CIP）数据

网络信息安全管理与防御对策探索 / 道仁那希，赵
乌吉斯古楞著 . -- 汕头：汕头大学出版社，2024. 7.
ISBN 978-7-5658-5348-7

Ⅰ. TP393.08

中国国家版本馆 CIP 数据核字第 2024F4U637 号

网络信息安全管理与防御对策探索

WANGLUO XINXI ANQUAN GUANLI YU FANGYU DUICE TANSUO

作　　者：道仁那希　赵乌吉斯古楞
责任编辑：黄洁玲
责任技编：黄东生
封面设计：李　静
出版发行：汕头大学出版社
　　　　　广东省汕头市大学路 243 号汕头大学校园内　邮政编码：515063
电　　话：0754-82904613
印　　刷：廊坊市海涛印刷有限公司
开　　本：710mm×1000mm　1/16
印　　张：10.75
字　　数：200 千字
版　　次：2024 年 7 月第 1 版
印　　次：2024 年 7 月第 1 次印刷
定　　价：68.00 元
ISBN 978-7-5658-5348-7

前言

当今时代，互联网的普及和信息技术的发展已经彻底改变了人们的生活方式。网络不仅是人们获取信息、沟通交流的重要渠道，更是生活、工作、学习的重要平台。网络信息的传播速度快、范围广，给人们的生活带来了极大的便利，但与此同时，也带来了一系列的信息安全问题。随着网络攻击手段的不断升级，网络信息安全事件频发，给国家安全、企业利益和公民隐私带来了严重威胁。黑客攻击、网络诈骗、信息泄露等事件屡见不鲜，这些都对生活和社会秩序造成了极大的影响。此外，网络信息安全不仅关乎国家安全和企业利益，还涉及到公民隐私和社会公共利益。在网络空间，维护信息安全是每一个网民的责任。因此，研究网络信息安全管理与防御对策，提高网络安全防护能力，已经成为当务之急。

本书系统阐述了网络信息安全相关的基础内容，从网络信息安全基础入手，对网络信息安全协议、网络信息安全技术与网络信息安全管理策略进行深入挖掘，透视了防火墙与入侵检测技术、网络漏洞扫描与网络攻击防御技术、计算机病毒及其安全防御技术。本书共有两大特点值得一提：

其一，内容科学、全面，体现以知识为基础、以问题为导向、以运用为目的的原则，在内容取舍上，力求做到简明扼要，自成体系，旨在为我国网络信息安全战略提供理论支持和实践指导。

其二，通过探讨新技术在网络信息安全领域的应用，以及如何应对由此带来的安全隐患，来提高防御对策。同时，倡导提高人们的网络安全意识，文明上网、安全用网，共同维护网络空间的安全与和谐。

希望通过这本书，能够为我国网络信息安全事业提供理论支持和实践指导，为构建安全、可靠、和谐的网络空间贡献力量。

目录

第一章　网络信息安全基础

第二章　网络信息安全技术

第三章　网络信息安全管理策略

第四章　防火墙与入侵检测技术

第五章　网络漏洞扫描与网络攻击防御技术

第六章　计算机病毒及其安全防御技术

第一章　网络信息安全基础

第一节　网络信息安全的目标与内容

信息技术和信息产业正在以前所未有的趋势渗透各行各业，这一趋势不仅改变了人们的生产生活方式，而且推动了社会的进步。然而，随着信息网络的不断扩展，网络安全问题日益突出。口令入侵、木马入侵、非法监听、网络钓鱼、拒绝服务等攻击层出不穷，给网络世界带来了巨大的挑战。网络信息安全问题已经成为国内外专家学者广泛关注的焦点话题。

"随着信息时代的降临，人们信息获取的途径基本是互联网，网络信息传递已经成为当前人类社会生活不可或缺的一部分。"[①] 网络信息安全关系到个人用户的利益，更关乎社会经济的发展、政治稳定以及国家安全的战略性问题。网络信息安全不仅仅是一个技术问题，更是一个关乎国家安全和主权、社会稳定以及民族文化传承与发展的重大议题。特别是在全球信息化进程加速的今天，网络信息安全显得尤为重要。

一、网络信息安全的概念及目标

（一）网络信息安全的概念界定

在当今信息时代，随着计算机技术的迅速发展和信息网络的广泛应用，网络信息安全成为人们关注的焦点之一。然而，在深入探讨网络信息安全的概念界定时，需要对计算机安全、网络安全以及信息安全进行全面理解和分析。

首先，计算机安全是信息安全的基础，它强调的是为数据处理系统而采取的技术和管理方面的安全保护，以保护计算机硬件、软件、数据不受破坏、更改、泄露

---

① 梁瑞.网络信息安全技术管理的计算机应用探微 [J]. 中国设备工程，2023（21）：38-40.

的影响。计算机安全的核心目标在于保护信息免受未经授权的访问、中断和修改，并确保系统对于合法用户保持可用性。这种安全范畴下的保护主要围绕着计算机系统的各个层面展开，包括硬件、操作系统、应用程序等。在实践中，计算机安全的重点在于采取各种技术手段和管理措施，以确保计算机系统的正常运行和数据的安全性。

其次，网络安全是信息安全的重要组成部分，它强调的是对网络系统的硬件、软件及其中的数据进行保护，以防止其遭受破坏、更改、泄露等风险。网络安全的核心任务在于确保经过网络传输和交换的数据的安全性，以及网络系统的正常运行。网络安全的研究范畴涵盖了广泛的领域，包括网络协议的通信、安全设备的部署、安全实践的制定等。在实践中，网络安全的重点在于防范外部非法攻击和内部人为因素对网络系统的威胁，以维护网络的安全和稳定。

最后，信息安全是一个更加广泛的概念，它涵盖了计算机安全和网络安全的内容，并且更加强调信息系统中的数据受到保护，系统能够连续可靠地运行。信息安全的核心内容包括信息的保密性、真实性、完整性、未授权拷贝以及所寄生系统的安全性。信息安全既包括技术方面的保护措施，如加密技术、数字签名等，也包括管理方面的控制措施，如安全策略、安全培训等。在信息安全学科中，狭义安全建立在以密码论为基础的计算机安全领域，而广义信息安全则将管理、技术、法律等方面的安全问题相结合，形成了一门综合性学科。

综上所述，网络信息安全是信息安全领域的重要组成部分，它继承了计算机安全和网络安全的特点，并且更加强调了信息系统中数据的安全性和系统的连续可靠运行。在当今信息化的背景下，对于网络信息安全的概念界定和深入理解，有助于更好地保护网络空间的安全，促进信息社会的健康发展。

（二）网络信息安全的主要目标

网络信息安全的主要目标在于保护信息免受各种威胁的损害，以确保业务的连续性，并最大化投资回报和商业机遇。为了达到这些目标，网络信息安全需要关注并实现信息的机密性、完整性、可用性、不可否认性和可控性等方面。

1. 机密性

机密性指的是保证机密信息不被窃听，或者即使被窃听也无法了解其真实含义。在网络通信中，特别是在公共网络上，信息很容易受到嗅探者的窥视，因此保护数据的机密性至关重要。为了实现机密性，加密算法被广泛应用于对数据的加密，以确保即使在不可信的网络环境中，信息也不会被泄露。

2. 完整性

完整性要求保证数据的一致性，防止数据在传输过程中被非法用户篡改。为了确保数据的完整性，常常使用哈希算法对数据进行摘要处理，在数据传输过程中携带摘要信息，接收方可以利用哈希算法验证数据的完整性，从而防止数据被篡改。

3. 可用性

可用性要求保证合法用户对信息和资源的使用不会被不正当地拒绝。拒绝服务攻击是破坏信息可用性的主要手段之一，因此网络安全需要采取措施防范这类攻击，确保信息和服务始终可用。

4. 不可否认性

不可否认性也是网络信息安全的目标之一，尤其在电子商务等领域更加重要。不可否认性要求建立有效的责任机制，防止用户否认其行为。数字签名技术等手段被广泛应用于保障不可否认性，确保信息传输的真实性和可信度。

5. 可控性

可控性要求对信息及信息系统进行安全监控，以及实施合适的身份认证和访问控制机制。通过对网络中的资源进行标识和身份认证，可以有效地控制信息的传播和内容，确保网络信息系统的安全性和稳定性。

二、网络信息安全研究的内容层次

网络信息安全的研究范围非常广泛，其研究内容可划分为三个层次，即信息安全基础理论、信息安全应用技术、信息安全管理。

（一）信息安全基础理论

1. 密码理论

密码理论是信息安全领域的核心理论之一，其涉及的数据加密、数字签名、报文摘要和密钥管理等技术，为保障信息的机密性、完整性和可靠性提供了重要的技术支撑。

（1）数据加密。数据加密作为密码理论的基础，是通过加密算法和密钥将明文转换为密文，以保护信息的安全性。在计算机系统中，数据加密技术被广泛应用于保护敏感信息的传输和存储。加密算法的选择和密钥的管理是数据加密的关键，常见的加密算法包括 DES、AES 等，而密钥的安全性则直接影响着加密系统的安全性。

数据加密的目的在于确保即使在不可信的网络环境中，信息也不会被窃听和篡改，从而实现信息的保密性和完整性。

（2）数字签名。通过非对称密钥加密技术和数字摘要技术，实现了对数字信息的鉴别和认证。数字签名的核心思想是利用发送者的私钥对信息进行加密，从而确保只有发送者才能产生数字签名，而接收者则可以利用发送者的公钥对数字签名进行验证，从而确保信息的真实性和完整性。数字签名在电子商务、电子政务等领域得到了广泛的应用，为保障在线交易和信息传输的安全提供了有效的手段。

（3）报文摘要。通过哈希函数对报文进行摘要，生成一个固定长度的唯一值，从而实现对报文的完整性验证。报文摘要的核心原理在于即使报文中的微小变化，也会导致摘要值的巨大变化，因此接收者可以通过比对接收到的报文摘要和原始报文的摘要值来检查报文是否被篡改。报文摘要技术在数据传输过程中起到了重要的保障作用，保证了信息的完整性和可靠性。

（4）密钥管理。密钥管理涉及对密钥的生成、存储、分发和更新等各个方面的管理。密钥的安全性直接关系到加密系统的安全性，因此密钥管理是保障加密系统有效运行的关键。密钥管理的内容包括对密钥的加密保护、访问控制、密钥周期管理等方面，通过严格的密钥管理措施，可以有效地保障加密系统的安全性和稳定性。

2.安全理论

安全理论是信息安全领域的重要组成部分，其涉及身份认证、访问控制、安全审计和安全协议等方面，为保障计算机系统和网络的安全性提供了理论支撑和技术手段。

（1）身份认证。身份认证是指确认操作者身份的过程，其目的在于确定用户是否具有对资源进行访问和使用的权限。身份认证通常通过用户提供的身份信息和凭证来进行，例如用户名和密码、指纹、智能卡等。有效的身份认证机制可以防止攻击者通过假冒合法用户来获取资源的访问权限，从而保障系统和数据的安全。在实际应用中，常见的身份认证技术包括基于知识的认证、基于物理特征的认证和基于持有物的认证等。

（2）访问控制。访问控制是指通过限制用户对系统资源的访问，以及对某些控制功能的使用，来保障系统的安全性。访问控制通常基于用户身份和权限进行，系统管理员可以根据用户所属的用户组或角色，设置相应的访问权限。访问控制技术在网络安全中起着至关重要的作用，可以有效地防止未经授权的用户获取系统资源或进行恶意操作。常见的访问控制技术包括基于角色的访问控制（RBAC）、访问控制列表（ACL）等。

（3）安全审计。安全审计是指通过对系统活动和行为进行系统的、独立的检查验证，评估系统的安全性并发现潜在的安全风险。安全审计的目的在于发现系统存在的安全问题和漏洞，并采取相应的措施进行修复和改进。安全审计通常由专业审计人员进行，他们根据相关的法律法规和标准，对系统进行全面的审查和评估，以确保系统的安全性和合规性。

（4）安全协议。安全协议是指通过密码学技术提供各种安全服务，例如实体之间的认证、安全密钥的分配、消息的不可否认性等。安全协议通常包括安全协商阶段和安全通信阶段，通过协商安全参数和密钥协商等手段，确保通信双方之间的信息传输安全可靠。安全协议的设计和实现是保障网络通信安全的重要保障，其安全性和可靠性直接影响着系统和数据的安全性。

（二）信息安全应用技术

1. 安全实现技术

安全实现技术，涵盖了防火墙、漏洞扫描和分析、入侵检测、防病毒等多个方面，通过这些技术手段，可以有效地检查和防范各种安全威胁，确保系统的安全性和稳定性。

（1）防火墙。防火墙作为网络安全的第一道防线，其主要功能是在网络边界建立相应的通信监控系统，通过设置访问控制策略来隔离内部网络和外部网络，以防止来自外部网络的入侵和攻击。防火墙可以通过对网络数据包的过滤和检查，对入站和出站的数据流量进行控制和管理，实现对网络通信的安全监控和访问控制。常见的防火墙技术包括包过滤防火墙、状态检测防火墙、代理防火墙等，它们各有特点，但都能够有效地提高网络的安全性和可靠性。

（2）漏洞扫描和分析。通过对计算机系统的漏洞数据库进行扫描和检测，发现系统中存在的安全漏洞和脆弱性，以及可能被攻击利用的潜在威胁。漏洞扫描技术主要通过自动化工具来实现，这些工具可以对系统进行全面的漏洞扫描和分析，发现存在的安全风险，并提供相应的修复建议和安全补丁，以确保系统的安全性和稳定性。漏洞扫描和分析技术在网络安全中具有重要的意义，可以及时发现系统中的安全问题，提高系统的安全性和可靠性。

（3）入侵检测。通过对网络或系统中的关键点进行信息收集和分析，发现是否存在违反安全策略的行为和被攻击的迹象，及时发现并应对各种安全威胁。入侵检测技术主要包括基于特征检测、行为分析和异常检测等多种手段，通过对网络流量、系统日志和行为模式等数据进行实时监控和分析，识别并响应可能的安全事件，以保障系统的安全性和可用性。入侵检测技术在网络安全中具有重要的意义，可以有效地发现和防范各种安全威胁，保障网络和系统的正常运行。

2. 安全平台技术

安全平台技术，涵盖了物理安全、网络安全、系统安全、数据安全、用户安全和边界安全等多个方面，通过这些技术手段，可以全面提升系统的安全性和稳定性。

（1）物理安全。物理安全是安全平台技术的基础，其主要目的是通过物理隔离手段来保护信息系统的硬件设备和设施，防止未经授权的物理访问和攻击。物理安全措施包括但不限于门禁系统、监控摄像、生物识别技术等，这些措施可以有效地防止物理入侵和破坏行为，确保系统的正常运行和数据的安全性。

（2）网络安全。网络安全主要目标是防止针对网络平台的各种安全威胁，包括网络攻击、数据泄露、恶意软件等。网络安全技术涵盖了安全隧道技术、网络协议脆弱性分析技术、安全路由技术、安全 IP 协议等多个方面，通过加密通信、访问控制、入侵检测等手段，保障网络通信的安全性和可靠性。

（3）系统安全。系统安全关注的是操作系统自身的安全性问题，包括安全操作系统的模型和实现、安全加固、脆弱性分析等。系统安全技术通过权限控制、漏洞修补、安全配置等手段，防止系统被恶意攻击和入侵，确保系统的安全运行。

（4）数据安全。数据安全的主要目的是保护数据在存储和应用过程中不被非授权用户访问、修改或破坏。数据安全技术包括数据加密、访问控制、备份和恢复等，通过这些手段可以确保数据的机密性、完整性和可用性，防止数据泄露和丢失。

（5）用户安全和边界安全。用户安全主要关注账号管理、用户权限管理等，通过身份认证、访问控制等手段，保障用户的身份和权限安全。边界安全主要是保护不同安全策略的区域边界连接的安全，通过安全边界防护协议和模型、信息流控制等手段，防止不同安全域之间的信息泄露和攻击。

（三）信息安全管理

1. 安全标准

在当今信息化时代，网络信息安全已成为全球性的挑战和关注焦点。网络信息安全标准作为确保信息传输、处理和存储安全的重要手段，对于维护国家安全、保护公民隐私、促进经济发展等方面发挥着至关重要的作用。

网络信息安全标准的制定基于对信息系统潜在风险的识别与评估。通过对信息系统的脆弱性进行分析，结合可能面临的威胁，制定相应的安全措施和要求。这些标准通常由权威机构制定，以确保其科学性、系统性和实用性。例如，可信计算机系统评估准则（TCSEC）即为美国国防部制定的一套评估体系，旨在对计算机系统的安全性进行分级和评估。该准则将计算机系统安全分为 A、B、C、D 四个等级，每个等级下又细分为不同的子级别，以满足不同安全需求的信息系统。

在安全等级划分方面，网络信息安全标准强调了对信息的分类与分级。信息的敏感性和重要性决定了其需要的保护级别。例如，涉及国家安全或公民隐私的信息，通常需要较高级别的保护措施。安全技术操作标准则涵盖了从物理安全到逻辑安全、从网络安全到应用安全的各个方面，为信息系统的安全管理提供了操作指南。

安全体系结构标准关注的是信息系统的整体架构设计。它要求在系统设计阶段就充分考虑安全因素，确保系统的每个组成部分都能满足既定的安全要求。这不仅包括硬件和软件的选择，还包括数据流的设计和网络拓扑的规划。通过这些标准，可以确保信息系统在面对外部攻击和内部威胁时，能够保持稳定和安全。

安全产品测评标准则针对市场上的安全产品和服务。通过一系列严格的测试和评估程序，确保这些产品能够满足预定的安全性能指标。这对于用户选择合适的安全产品，构建安全可靠的信息系统具有重要意义。

安全工程实施标准则涉及到安全措施的实施过程。它要求在信息系统的生命周期中，从规划、设计、开发、部署到维护和废弃的每个阶段，都要遵循相应的安全标准。这有助于确保信息系统在整个生命周期中的安全性，减少安全事故的发生。

2. 安全策略

安全策略的主要任务是确定和规范所有与安全相关的活动，以保护组织的处理和通信资源，确保信息系统的安全运行。

（1）安全风险评估。安全风险评估是指通过对组织的信息系统和网络进行全面、系统的风险分析，识别潜在的安全威胁和漏洞，并评估它们对组织安全的潜在影响程度。通过安全风险评估，组织可以全面了解安全威胁的性质和影响，为制定有效的安全策略提供了基础。

（2）安全代价评估。安全代价评估是指对安全措施的实施所需成本进行评估，包括人力、物力、财力等资源的投入。在确定安全策略时，组织需要综合考虑安全投入与安全效益之间的平衡，确保安全措施的实施成本合理，同时能够有效地提升安全防护水平。

（3）安全机制制定。安全机制是指为实现安全目标而采取的具体措施和技术手段，包括访问控制、加密技术、身份认证、安全审计等。在制定安全策略时，组织需要根据安全风险评估的结果和实际需求，选择合适的安全机制，并建立相应的安全政策和规范，以确保安全措施的有效实施。

另外，安全策略的实施和管理也是关键步骤。一旦安全策略确定，组织需要建立相应的管理体系和流程，明确安全责任和权限，确保安全措施得以全面、有效地实施。同时，组织还需要建立安全监控和评估机制，定期对安全策略的执行情况进行检查和评估，及时调整和优化安全策略，以适应不断变化的安全环境和威胁。

3.安全测评

在信息化快速发展的当代社会，信息系统的安全测评成为了确保信息安全的关键环节。安全测评是指按照既定的标准和程序，对信息系统的安全性进行系统的评估和验证的过程。这一过程不仅涉及到技术层面的检测，也包括管理层面的审查，旨在全面评估信息系统在面对各种潜在威胁时的防护能力和应对措施的有效性。

安全测评的核心在于测评模型的构建。测评模型是安全测评的理论基础，它决定了测评的方向和重点。一个有效的测评模型应当能够全面反映信息系统的安全需求，包括但不限于数据保密性、完整性、可用性等方面。此外，测评模型还应当考虑到信息系统的特定环境和使用场景，以确保测评结果的实用性和针对性。

测评方法的选择和应用是安全测评的另一个重要方面。测评方法决定了测评的具体实施方式，包括定性分析和定量分析、静态分析和动态分析、自我评估和第三方评估等。不同的测评方法有其独特的优势和局限性，因此在实际操作中往往需要综合运用多种方法，以获得更为全面和准确的测评结果。

测评工具是安全测评的实施手段。随着信息技术的发展，安全测评工具也在不断进步和完善。现代的安全测评工具通常具备自动化、智能化的特点，能够高效地对信息系统进行扫描、监测和分析。这些工具不仅能够发现已知的安全漏洞和缺陷，还能够预测潜在的安全风险，为信息系统的安全改进提供依据。

测评规程是安全测评的操作规范。它规定了测评的流程、步骤和要求，确保测评活动的标准化和规范化。测评规程的制定和执行，有助于提高测评的效率和质量，同时也为信息系统的持续改进提供了指导和参考。

在进行安全测评时，还需要考虑到信息系统的安全等级。根据信息系统的重要性和面临的威胁程度，我国的信息系统安全等级被划分为五个级别。每个级别的信息系统都有其特定的安全要求和测评重点。例如，高安全级别的信息系统往往涉及到国家安全、社会秩序和公共利益，因此对其安全测评的要求也更为严格和细致。

安全测评不仅是对信息系统安全状况的一次检查，更是一个持续的过程。随着外部环境的变化和技术的发展，信息系统的安全需求也在不断变化。因此，安全测评应当定期进行，以确保信息系统能够及时适应新的安全挑战。

此外，安全测评还需要遵循相关的法律法规。《中华人民共和国网络安全法》作为我国网络空间安全管理的基础性法律，为信息系统的安全测评提供了法律依据和指导。该法律的制定和实施，体现了国家对网络安全的高度重视，也为信息系统的安全测评工作提供了明确的法律框架和规范。

第二节　计算机网络管理及其类型分析

随着网络技术的飞速发展，网络已经成为现代企事业单位不可或缺的基础设施，对人们的生活和工作产生了深远的影响。然而，随着网络规模的不断扩大和异构性的增强，网络管理面临着日益复杂的挑战。有效地利用网络信息资源是提高网络管理效率和网络支持的关键。网络信息资源的利用涉及到网络设备、数据传输、存储和处理等多个方面。为了实现网络信息资源的有效利用，网络管理需要采取一系列管理措施，包括网络拓扑设计、流量控制、负载均衡、安全策略制定等。这些措施能够优化网络性能，提高网络吞吐量，降低网络延迟，从而增强网络的稳定性和可用性。

一、计算机网络管理概论

（一）计算机网络管理的定义

计算机网络管理，作为信息技术领域的一个重要分支，随着网络技术的不断进步和网络应用的日益普及，其重要性日益凸显。网络管理的核心目标在于确保网络系统能够持续、稳定、安全、可靠和高效地运行，同时降低网络运行成本，提高网络服务质量和用户体验。

在网络管理的实践中，监测和控制构成了其基本的任务框架。监测是为了获取网络的实时运行状态，包括但不限于网络流量、设备状态、服务响应等关键指标。通过对这些指标的实时监控，网络管理员可以及时发现网络的异常情况，如流量拥堵、设备故障或服务中断等，从而采取相应的措施进行处理。控制则是在监测的基础上，对网络状态进行合理的调节和优化，以提高网络的整体性能和服务质量。控制措施可能包括调整网络设备的配置、优化路由策略、分配网络资源等。

网络管理系统（NMS）是实现网络管理任务的关键工具。它通过集中或分布式的方式，对网络中的各种设备和服务进行统一的管理。NMS 通常具备强大的监控、分析、配置和故障处理功能，能够帮助网络管理员有效地管理复杂的网络环境。通过 NMS，可以实现对网络设备的远程配置、性能监控、故障诊断和安全管理，从而提高网络的可用性和稳定性。

网络管理的实施，不仅需要先进的技术和工具，还需要科学的管理理念和方法。网络管理员应当根据网络的实际需求和目标，制定合理的网络管理策略和流程。这包括对网络资源的合理规划和分配、对网络性能的持续优化、对网络安全的严格保障等。此外，网络管理还应当注重预防性措施的实施，通过定期的系统维护、安全漏洞的及时修补、备份和恢复策略的制定等，来减少网络故障的发生概率和影响范围。

随着网络规模的不断扩大和网络技术的不断演进，网络管理面临着越来越多的挑战。网络的异构性、动态性和复杂性要求网络管理必须具备更高的灵活性和适应性。同时，网络安全的形势也日益严峻，网络攻击、数据泄露和隐私保护等问题对网络管理提出了更高的要求。因此，网络管理的研究方向也在不断拓展，包括网络监测技术、自动化管理、智能分析、安全防护等领域。

（二）计算机网络管理的内容

计算机网络管理是一个综合性的管理领域，涉及到多个方面的内容，这些内容对于确保网络的稳定性、安全性和高效性至关重要。

第一，数据流量控制。在计算机网络中，数据流量控制涉及到对网络中数据传输量的管理和控制。由于通信介质带宽的限制，网络传输容量是有限的，超过带宽容量的数据传输会导致网络拥塞和性能下降。因此，网络管理员需要实施数据流量控制策略，确保网络流量在可控范围内，防止网络拥塞的发生，维护网络的正常运行。

第二，网络路由选择策略。路由选择策略直接影响数据在网络中的传输路径和传输质量。一个合理的路由选择策略应该具备正确、稳定、高效、公平的特点，同时能够根据网络规模、拓扑结构和数据流量的变化进行动态调整，以保证数据传输的顺畅和高效。

第三，网络的安全防护。随着网络规模的不断扩大和网络应用的普及，网络安全问题日益突出。各种安全威胁如系统安全漏洞、网络攻击、数据泄露等对网络的安全性构成了威胁。因此，网络管理需要引入安全机制，采取各种措施保护网络安全，确保网络用户的信息不受侵犯。

第四，网络的故障诊断。网络系统在运行过程中难免会出现各种故障，及时准确地诊断和解决故障是确保网络稳定运行的关键。网络管理员需要具备故障诊断的专业知识和技能，能够快速准确地确定故障的位置和原因，并采取相应的措施进行修复。

第五，网络管理还包括了网络的费用管理、网络病毒防范、网络黑客防范、网络管理员的管理和培训以及内部管理制度等内容。这些内容共同构成了一个完整的网络管理体系，能够有效地提高网络的稳定性、安全性和可用性，保障网络的正常运行。对于网络管理员来说，熟悉并掌握这些网络管理的内容是至关重要的，只有这样才能有效地管理和维护好网络系统，为用户提供稳定、高效的网络服务。

二、计算机网络管理的类型

在现代信息技术的快速发展中，网络管理作为确保网络稳定、高效运行的关键环节，受到了国际社会的广泛关注。国际标准化组织（ISO）针对网络管理的实际需求，在其ISO7498-4文档中提出了五大核心功能，这些功能构成了网络管理的基础架构，并被全球众多厂商和研究机构广泛接受和应用。ISO制定这一标准的目的是实现不同网络管理系统间的互操作性，以及满足各种网络互联设备在网络管理方面的需求。

（一）故障管理

故障管理，作为网络管理中的关键组成部分，其核心目标在于确保网络系统在出现异常情况时，能够迅速发现、定位并排除故障，以维护网络的有效性，保障网络能够提供连续、可靠和优质的服务。在计算机网络系统中，由于系统的复杂性和环境的多变性，故障的发生具有不可避免性。

1.故障产生的原因分析

计算机网络系统由众多的节点和通信设备构成，其运行稳定性受到多种因素的影响。故障可能源于计算机节点的软硬件问题，也可能由于通信信道的缺陷而发生。

环境因素如电磁干扰、温度、湿度、尘埃和电源波动等都可能导致网络故障。此外，软件缺陷、硬件老化、操作失误、网络攻击等也是引发故障的常见原因。因此，故障管理需要全面考虑这些潜在因素，采取有效的监测和预防措施，以降低故障发生的概率。

2.故障管理的功能与任务

故障管理的主要任务是通过一系列有序的操作，快速恢复网络服务的正常运行。这包括故障检测、诊断、恢复和排除等环节。故障检测是故障管理的第一步，需要通过网络监控工具实时监测网络状态，及时发现异常现象。故障诊断则要求对检测到的故障进行深入分析，确定故障的性质和原因，以便制定合理的解决方案。故障恢复涉及到采取措施排除故障，恢复网络服务，并采取措施避免或减少未来故障的发生。此外，故障管理还包括对错误日志的维护和使用，以及对故障处理过程的记录和分析，为未来的网络优化和故障预防提供参考。

3.故障管理的组成模块

一个完整的故障管理系统通常由多个功能模块组成。首先是故障检测模块，负责监控网络设备和服务的状态，识别故障事件。其次是故障诊断模块，通过执行诊断测试和追踪命令，精确定位故障点，并分析故障原因。再次是故障恢复模块，包括实施故障排除措施，以及制定预防策略，减少故障复发的可能性。最后是故障管理工具的选择和应用，根据网络的规模和复杂性，选择合适的工具进行故障管理，提高故障处理的效率和准确性。

在实际应用中，故障管理工具的选择应根据网络的特点和故障类型来确定。对于简单的网络环境，可以使用基本的网络诊断命令，如 Ping 和 Traceroute，来判断网络连通性。对于复杂的网络环境，则需要使用高级的网络管理工具，这些工具能够提供更深入的故障分析和自动恢复功能。例如，使用具有事件关联和根本原因分析功能的网络管理工具，可以帮助网络管理员快速定位问题，并采取相应的恢复措施。

（二）配置管理

配置管理在网络管理中扮演着至关重要的角色，它涵盖了网络建设、运行和维护的全过程，是确保网络稳定运行和高效管理的基础。

首先，配置管理的任务是多方面的，其中包括发现网络设备和网络设备的配置管理。网络设备的发现是配置管理的起点，通过自动发现模型或手动添加，网络管理员能够掌握网络内各种设备的状态和连接关系，从而有效管理整个网络。而网络设备的配置管理则包括设置关键设备的参数，如域名、IP 地址、运行特性等，以确保设备能够按照预期进行工作。这些任务的完成对于网络的正常运行至关重要。

其次，配置管理具有多种功能，其中包括定义配置信息、设置和修改属性值、定义和修改关系、初始化和关闭网络、软件分发以及网络规划和资源管理。这些功能使得管理员能够精确地定义网络资源的属性和关系，对网络进行初始化和关闭，分发和安装软件，并有效地规划和管理网络资源。通过这些功能，管理员能够灵活地管理网络，满足不同的需求和运营策略。

最后，配置管理可以借助各种工具来完成任务。简单的配置管理工具可以提供网络信息的中心存储功能，收集和存储网络设备的信息，以及提供配置比较和远程配置设备的功能。复杂的配置管理工具则能够提供更高级的功能，如自动化配置管理、网络拓扑发现和分析、事件和故障管理等。这些工具的使用能够提高管理员的工作效率，降低管理成本，确保网络的稳定性和安全性。

（三）性能管理

性能管理在网络管理的众多功能中占据着核心地位，其重要性在于确保网络系统能够提供高质量、高性能和高可用性的服务。网络性能管理的核心内容是对网络系统的关键性能参数进行实时监控和分析，包括但不限于吞吐率、使用率、误码率、时延和拥塞等，以此来验证网络服务是否达到预期的性能水平。性能管理的有效实施，不仅能够保障网络服务的质量，还能够促进系统资源的合理利用，从而为网络规划和资源优化提供重要的参考依据。

1. 性能管理的目标

网络性能管理的主要目标是维护网络应用服务的高质量和高性能，确保服务的可用性、响应速度和准确性。同时，性能管理还需要保持系统资源的合理利用，包括信道利用率、CPU 利用率和磁盘空间利用率等。这两者之间存在着密切的联系，但又需要在实际管理中进行权衡。在某些情况下，为了保证服务质量，可能需要牺牲一定的资源利用效率；而在其他情况下，为了提高资源的利用效率，可能需要适当降低服务质量的要求。然而，通常情况下，服务质量的维护是性能管理的首要任务。

2. 性能管理的功能

性能管理的功能涵盖了从数据收集到问题分析，再到资源调整和性能控制的全过程。具体来说，性能管理的基本功能如下：

（1）性能测量：性能测量是性能管理的基础，它涉及从网络设备中收集与网络性能相关的数据。这些数据通常由网络设备内置的代理模块进行收集，包括节点的进出流量、连接数目、连接流量以及其他描述节点行为的度量标准。

（2）性能分析：性能分析是对收集到的历史数据进行分析和统计，建立性能基线和分析模型，预测网络性能的长期趋势。性能分析的结果对于网络规划和资源配置具有重要的指导意义。

（3）性能管理控制：基于性能分析的结果，性能管理控制功能负责对网络拓扑结构、设备配置和参数进行调整，以优化网络性能。这一过程可能涉及到网络设备的重新配置、路由策略的优化、带宽分配的调整等。

（4）性能指标提供：性能管理需要提供一系列衡量网络性能的指标，如系统的可用性、响应时间、吞吐量、利用率等。当这些性能指标出现较大偏差时，表明网络性能可能出现了问题，需要采取相应的措施进行调整。

（5）管理对象控制：性能管理还需要实现对管理对象的控制，以确保网络能够维持优越的性能。这包括对网络设备的监控、对网络服务的质量管理以及对性能问题的及时响应和处理。

（四）安全管理

安全管理在网络管理中扮演着至关重要的角色，其目标在于保障网络不受非法使用和破坏，维护网络管理系统的安全性，防止用户资源的非法访问，以确保网络资源和用户的安全。

首先，安全管理的目标在于通过授权机制来控制对网络信息的访问，防止未授权用户获取网络数据，从而降低网络及其管理系统运行的风险。面对网络上大量的敏感数据，安全管理的关键在于设置访问权限，以保证只有合法用户才能登录和访问网络资源。同时，安全管理也致力于发现并阻止某些"黑客"行为，遏制对网络资源的非法访问和尝试。

其次，安全管理的功能主要包括身份验证、密钥管理、安全控制和访问控制。身份验证确保只有合法的用户才能登录和访问网络资源，而密钥管理则涉及密钥的生成、分发和控制，以及密钥安全的管理措施。安全控制方面主要包括生成和维护访问控制数据库，记录和浏览安全日志以进行事后分析，以及发出与安全有关的事件通知。而访问控制则涉及限制和管理对象的联系、对管理对象的操作进行限制、控制管理信息的传输，以及防止未经授权的用户初始化管理系统。这些功能共同确保了网络资源和信息的安全，防范了未经授权的访问和操作。

安全管理还与其他管理功能密切相关，如配置管理、故障管理和计费管理等。安全管理通过调用配置管理中的系统服务来控制和维护网络中的安全设施，同时在发现安全故障时向故障管理报告以进行诊断和恢复。此外，安全管理还需要接收与访问权限相关的计费数据和访问事件报告，以便及时采取相应措施。尽管安全管理并不能杜绝所有对网络的侵扰和破坏，但其作用在于最大限度地防范不安全行为，将损失降到最低程度。

（五）计费管理

计费管理作为网络管理的一个重要组成部分，其核心目标是确保网络服务提供者能够准确计算用户使用网络服务的费用，并据此向用户收取相应费用。计费管理不仅涉及到费用的计算和收取，还包括对网络资源使用情况的记录和分析，以及对网络资源利用率和成本效益的核算。在商业网络环境中，计费管理的重要性尤为突出，它通过有效的资源控制和成本管理，提高了网络资源的利用效率，为网络服务提供者带来了经济效益。

1.计费管理的目标

计费管理的主要目标是确保用户使用网络服务的成本得到准确的计算和合理的收费。这一目标的实现依赖于对网络业务和资源使用情况的详细记录，以及对这些记录的精确分析和处理。计费管理还需要保证收费过程的透明性和公正性，以便用户能够清楚地了解费用的构成和计算方式。此外，计费管理还需要进行网络资源利用率的统计和网络成本效益的核算，以便控制和监视网络操作的费用和代价。通过这些工作，计费管理为网络服务提供者提供了重要的管理控制手段和状态信息，有助于优化网络资源的分配和使用。

2.计费管理的功能

计费管理的功能涵盖了从成本计算到费用收取的全过程。具体来说，计费管理的主要功能如下：

（1）成本计算：计费管理需要考虑网络建设及运营的各个成本因素，包括网络设备器材成本、网络服务成本、人工费用等。通过对这些成本因素的精确计算，计费管理能够为网络服务的定价和收费提供依据。

（2）资源利用率统计：计费管理需要统计网络及其所包含资源的利用率，这为确定不同时间段内各种业务的计费标准提供了重要依据。通过对资源利用率的分析，网络服务提供者可以优化资源分配，提高资源利用效率。

（3）数据收集：计费管理需要联机收集用户的计费数据，这些数据是向用户收取网络服务费用的直接依据。通过对计费数据的实时收集和处理，计费管理能够确保费用计算的准确性和及时性。

（4）费用计算与通知：计费管理需要根据用户的使用情况和计费策略计算出用户的账单，并向用户发送费用通知。这一过程需要确保费用计算的公正性和透明性，以便用户能够理解和接受费用。

（5）账单保存：计费管理需要保存收费账单及必要的原始数据，以便在用户查询或出现争议时提供参考。账单的保存也有助于网络服务提供者进行财务审计和成本分析。

第三节　网络信息安全体系结构与技术发展

一、网络信息安全体系的结构

"近年来，计算机通信网络的快速发展使得信息种类越来越丰富，庞大的信息量也给信息管理工作带来了很多的安全隐患，比如计算机操作系统漏洞、网络传输期间的信息泄露、用户对信息安全的不重视、网络自身特性分析、木马病毒的快速发展等，这些安全隐患的存在严重阻碍了新形势下的计算机通信网络发展。"[1] 人们逐渐意识到计算机网络信息的重要性，许多企业和组织也加强了对信息技术的依赖。然而，随着计算机网络信息类型的增多、使用需求的提升，以及计算机网络系统自身存在的各种风险，计算机网络信息系统安全管理日益成为关注的焦点。

（一）网络信息系统结构安全的内涵

网络信息系统安全的内涵涵盖了多个方面，其中包括计算机信息系统结构的安全、相关元素的安全以及与安全技术、安全服务和安全管理相关的内容。从系统应用和控制的角度来看，计算机网络信息系统安全主要关注信息在存储、处理和传输

---

① 周经辉，黎增利. 信息时代下网络安全管理法律体系的构建研究 [J]. 电脑知识与技术，2023，19（9）：85-87.

过程中所体现的机密性、完整性和可用性。因此，实现计算机网络信息系统安全的目标需要从多个方面进行考量和管理。

网络信息系统的结构安全是确保系统的整体架构能够抵御各种安全威胁和攻击，包括对系统的设计和部署过程进行全面评估和规划，以确保系统具备必要的安全特性和防护机制。这也涉及到对系统中各个组件和模块的安全设计和配置，以防止可能存在的漏洞和弱点被攻击者利用。此外，还需要建立有效的身份验证和访问控制机制，以确保只有经过授权的用户能够访问系统的敏感信息和功能。

与计算机网络信息系统相关的元素的安全也是至关重要的。这包括对系统中的硬件设备、操作系统、应用软件和数据等各个方面的安全保护。对于硬件设备而言，需要采取措施确保其物理安全，防止被未经授权的人员篡改或破坏。对于操作系统和应用软件，需要及时更新和修补可能存在的安全漏洞，以防止被恶意攻击者利用。同时，对于系统中的数据，需要采取加密、备份和访问控制等措施，以保护其机密性和完整性，防止被未经授权的用户访问或篡改。

（二）网络信息系统安全结构的组成

网络信息系统安全体系结构的组成涵盖了多个方面，其中包括安全特性、系统单元以及开放系统互联参考模型结构层次。这些要素共同构成了一个全面的框架，用于指导信息系统的安全规划、设计、评估和实施。

第一，安全特性是信息系统安全体系结构的基础，它描述了信息系统所需的安全服务和安全机制。这些安全特性包括身份鉴定、访问控制、数据保密、数据完整性、防止否认、审计管理、可用性和可靠性等。不同的信息系统可能具有不同的安全特性要求，取决于其所处的安全等级和安全政策。安全特性的实现需要在系统设计和部署阶段进行全面考量和规划，以确保系统能够提供必要的安全保护。

第二，系统单元描述了信息系统的各个组成部分，包括信息处理单元、通信网络、安全管理和物理环境等。信息处理单元主要关注计算机系统的安全，包括硬件和软件的安全保护，以及用户身份鉴别、访问控制和信息完整性等机制。通信网络安全则涉及传输中的信息保护，包括安全通信协议、加密机制和安全管理等内容。安全管理则包括安全域的设置和管理、安全管理信息库、安全服务管理等方面。而物理环境与行政管理安全则关注人员管理、物理环境管理和行政管理等问题，以及环境安全服务配置和系统管理员职责等。

第三，开放系统互联参考模型结构层次描述了信息系统单元在开放系统互联参考模型的七个不同层次上采取的安全服务和安全机制。这些安全服务和机制旨在满足不同安全需求，并确保系统在开放的网络环境下能够安全运行。安全网络协议在不同的协议层之间建立被保护的物理路径或逻辑路径，以提供安全的通信和数据传输。每一层次都通过接口向上一层提供必要的安全服务，从而构建起完整的安全体系结构。

二、网络信息安全技术的发展

网络信息安全技术的发展在当今信息化时代愈发凸显其重要性。

首先，人工智能技术的创新应用在网络安全领域引发了广泛关注。随着数据量的爆发式增长和深度学习算法的不断优化，人工智能在主动安全防护、主动防御和策略配置等方面展现了强大的潜力。例如，基于神经网络的入侵检测、垃圾邮件识别、恶意软件发现等技术已经取得了显著成效。微软推出的基于人工智能的软件安全检测工具 SRD 更是为开发者提供了有效的安全保障。然而，同时黑客也在利用人工智能技术发起攻击，使得网络安全形势更加严峻。因此，人工智能与机器学习在网络安全中的应用前景备受关注，这将为网络安全的未来发展带来深远影响。

其次，网络安全防护思路的转变为构建自适应安全框架（ASA）提供了新的思路。自适应安全框架强调构建自适应的防御能力、检测能力、回溯能力和预测能力，通过持续的监控、分析和调整来实现自动化、智能化的安全防护。其中，防御能力、检测能力、回溯能力和预测能力是构成自适应安全框架的关键要素，它们相互支撑、相互促进，形成一个闭环的安全防护体系。这一理念的提出为网络安全技术的发展指明了新的方向，将有助于提高网络安全的整体水平。

再次，技术驱动的安全能力革新为网络安全带来了新的活力。云计算技术、大数据技术等新兴技术的应用使得传统安全技术焕发出新的生机。云计算技术为安全防护提供了更大的灵活性和可扩展性，大数据技术则解决了海量信息的快速分析和处理难题。机器学习、深度学习等技术进一步增强了大数据技术的分析能力，使得安全分析更加智能化、准确化。基于全流量的安全分析、基于 UEBA 的人员行为管控、基于威胁情报的新安全服务等技术不断涌现，为网络安全提供了更多的可能性和选择。

最后，网络安全管理理念的转变为网络安全的持续发展提供了保障。网络安全环境的动态变化要求安全能力具备持续感知和响应的能力。自适应安全框架的提出使得安全防护能力由被动转为主动，实现了安全防护能力的持续发展。技术在不断进步，安全能力也在不断提升，这将为网络安全的发展提供强有力的支撑，使得网络安全在应对各类威胁和攻击时能够更加高效、灵活和智能。

第四节　网络信息安全的事件监测与应急响应

信息网络安全事件监测及应急处置系统旨在建立一个省级计算机网络应急处置的技术支持与信息发布平台，以监测、报警和管理重要信息系统的安全状况，并提供有效的监测、应急响应和处置措施。该系统主要包括监测采集模块、监测分析模块和应急响应模块三大功能模块，用于监测网络安全事件、分析数据、提供应急响应措施，并与相关单位进行联动应对安全事件。

一、基于主机的入侵检测系统

基于主机的入侵检测系统是一种旨在保护计算机网络安全的关键系统，其设计和实施旨在监测和检测各种网络安全威胁，并及时采取相应的应对措施。该系统在功能上包括状态监测模块、入侵检测模块和通信接口模块三个子模块，通过这些模块的协同作用，实现对主机安全要素的全面监测和及时响应。

首先，状态监测模块作为系统的最底层，承担着监测系统各项安全要素的任务。这些安全要素包括文件操作、注册表操作、进程状态、网络连接和端口状态、CPU状态以及系统内存状态等。该模块通过捕获和记录这些安全要素的变化情况，并将其提交给入侵检测模块进行进一步分析和处理。

其次，入侵检测模块在接收到状态监测模块传来的数据后，采用一定的算法将其与特定的知识库比较，从而检测出可能影响系统安全的行为。该模块的核心功能在于对可能的安全事件进行准确地识别和分类，从而提高系统的安全性和可靠性。

最后，通信接口模块作为系统的通信桥梁，负责 Agent 端与控制端之间的信息传递和通信。该模块不仅接收来自控制端的配置信息或查询命令，还主动向监测与应急响应中心平台报告消息、事件和处置结果。通过这种双向的通信方式，实现了系统各个组成部分之间的有效协作和信息共享。

针对具体的监测对象，系统实现了针对 Windows 文件系统、注册表和进程的监测技术。对于 Windows 文件系统的监测，系统采用虚拟设备挂接方式，通过自定义的虚设备驱动实现对所有文件操作的监测。对于注册表操作的监测，则采用拦截系统调用的方式，实现对注册表操作的实时拦截和监测。而对于进程的监测，则通过枚举进程列表和进程模块的方式，获取系统的所有运行进程和每个运行进程所调用模块的信息，从而实现对进程活动的实时监测和检测。

此外，系统还实现了层次化多元素融合入侵检测技术，旨在提高检测效率和准确性。该技术通过在正常情况下将二层检测模块处于休眠状态，只在一层检测算法检测到敏感数据而需要进一步判断时才被激活，从而减少系统资源的占用和误报率。

二、网关级有害信息过滤及报警系统

网关级有害信息过滤及报警系统是信息安全管理领域中的一项关键技术，旨在对信息系统中的违法有害信息进行有效监测、过滤和报警，防止这些信息的进一步扩散和传播。

（一）系统结构分析

网关级有害信息过滤及报警系统作为信息安全事件监测与响应平台的一部分，由多个功能模块组成，包括网络通信管理模块、网络数据处理模块和系统配置管理模块。这些模块协同工作，形成了一个完整的监测和过滤有害信息的系统。系统守护进程负责监控这些模块的运行状态，确保系统的稳定性和可靠性。

网络通信管理模块负责与外部网络的通信，包括数据包的接收和发送。它通过初始化网络 SOCKET，获取网络的 IP 信息和设备 ID 号，为后续的数据包捕获和处理提供基础。

网络数据处理模块是系统的核心，负责对捕获的网络数据包进行解析和处理。它根据预设的关键字和 URL 创建数据链，并在内存中进行高效的匹配操作，以提高系统的响应速度和处理能力。

系统配置管理模块负责系统的参数配置和策略更新。它可以从后台监测分析模块接收关键字策略文件和数据包过滤黑名单文件，并根据这些文件更新系统的过滤规则和报警策略。

（二）系统工作描述

网关级有害信息过滤及报警系统的工作流程是一系列有序的步骤，首先进行系统初始化，然后创建数据包捕获、非法 URL 判断和关键字匹配等线程，最后执行过滤和报警操作。

在初始化阶段，系统从配置文件中读取必要的网络参数和设备信息，为后续的数据包捕获和处理做好准备。关键字和非法 URL 的创建是系统工作的关键，它们决定了系统能够识别和过滤哪些类型的有害信息。

在数据包捕获阶段，系统通过特定的程序捕获经过网关的网络数据报文，并对这些报文进行协议解析，提取出网络有效数据。这一步骤是系统能够进行有效监测的基础。

在非法 URL 判断和关键字匹配阶段，系统对提取的网络有效数据进行分析，与预设的非法 URL 和关键字进行比对。如果发现匹配的 URL 或关键字，系统将执行过滤操作，并生成报警信息包，向监测分析模块报送。

整个系统的运行是一个动态的、实时的过程，它需要不断地更新配置和策略，以适应网络环境的变化和新的安全威胁。通过这种方式，网关级有害信息过滤及报警系统能够有效地保护网络环境，防止有害信息的传播，为用户提供一个更加安全、健康的网络空间。

三、监测分析与响应中心平台

监测与响应中心平台是一个关键的系统，由监测分析系统和应急响应系统两大模块组成。其主要任务是接收来自前端入侵监测系统和网关级有害信息过滤及报警系统的报警信息，同时也接收电话、电邮等人工报警，对这些报警信息进行分析、判断，并针对其中的信息安全事件进行相应的应急响应和指挥调度。该平台采用了 JAVA 2 平台，Tomcat 作为 Servlet 容器和 Web 服务器。为确保系统的安全运行，采用了 SSL 通信协议和 IP 地址过滤策略。整个系统采用 B/S 结构，界面由 Dreamweaver 书写，内部逻辑处理采用 java Bean 组件，在 jsp 页面中进行调用。后台数据库采用 SQL Server 2000 数据库服务器，报警数据经由接口程序上报到数据库中，该接口程序主要负责接受报警数据、数据库管理和前端升级等功能。数据库查询语句经过优化，以提高查询效率。

监测与响应中心平台的任务主要分为两个方面：一方面，对前端监测设备传来的行为数据进行正确的判断，判断是否存在安全事件并采取适当的响应措施；另一方面，向系统的运营使用单位以及相关的应急响应部门传达监测情况和响应策略。为实现这些任务，监测与响应中心平台系统具备多项主要功能，包括响应策略生成、信息查询、策略下发、用户管理、系统维护和情况通报等。

响应策略生成程序负责将前端监测到的数据与知识库进行比较，并结合综合数据库中的相关数据，通过推理机推导出相应的响应策略。信息查询功能提供对报警信息和相关数据库内容的查询功能，在主页面上显示报警信息情况，当点击详情时显示信息摘要、信息类型和前端设备号等项目。策略下发功能用于下发前端设备需要匹配的关键字、要过滤的黑名单以及前端设备的升级等内容。用户管理功能则提供系统用户的添加、删除和更新等操作。情况通报功能则将监测到的安全事件相关情况和响应策略通过网络或其他通信工具传送到相关的单位和部门，以便及时采取相应的应急措施。

第二章　网络信息安全技术

第一节　密码学与密码技术

一、密码学概述

密码学由密码编码学和密码分析学两个分支组成，密码编码学的主要任务是寻求产生安全性高的有效密码算法和密码协议，以满足对信息进行加密或认证的要求；密码分析学的主要任务是破译密码算法和密码协议或伪造认证信息。两者既相互对立，又相互促进。算法是密码学研究的重点内容，包括数据加密算法、数字签名算法和密钥管理协议等。随着先进科学技术的应用，密码学已成为一门综合性的尖端技术科学，它与语言学、数学、电子学、声学、信息论、计算机科学等有着广泛而密切的联系。

（一）密码学的基本构成

密码学是研究如何通过编码来保证信息的机密性和如何对密码进行破译的科学。密码学由密码编码学和密码分析学两部分构成。

1. 密码编码

密码编码是保障信息安全的重要手段之一，其安全性主要依赖于加密算法和密钥的选择。加密算法的强度是保证信息安全的关键，通常采用扩散和扰乱等方法来增强算法的安全性。扩散通过使明文和密钥的每个字母影响尽可能多的密文字母，从而使得密文中的统计特征与明文和密钥的关系变得更加复杂，提高了破解的难度。扰乱则是使密文的统计特征与明文和密钥的关系尽可能复杂化，增加了攻击者从密文中推导出密钥和明文的难度。在这一过程中，密钥的选择至关重要，密钥的长度和更新频率直接决定了密码系统的安全性。密钥越长，系统的抗穷举攻击能力越强，而密钥更新的频率越高，系统的安全性越好。然而，频繁更新密钥会增加系统开销，因此密钥的分配需要综合考虑安全性和成本效益。

2.密码分析

密码分析是在不知道密钥的情况下，从密文恢复出明文。成功的密码分析不仅能够恢复出消息明文和密钥，而且能够发现密码体制的弱点，从而控制通信。常用的密码分析方法有四类：唯密文攻击、已知明文攻击、选择明文攻击和选择密文攻击。

（1）唯密文攻击。唯密文攻击是指攻击者拥有一些用相同密钥加密的密文，他们试图从中恢复出尽可能多的明文或推算出加密密钥。

（2）已知明文攻击。已知明文攻击是攻击者不仅得到了一些明文，还知道相应的密文，他们的任务是根据这些信息推出加密密钥或算法。

（3）选择明文攻击。选择明文攻击是攻击者不仅可以得到一些密文和相应的明文，还可以选择被加密的明文，从而更有效地推导出加密密钥或算法。

（4）选择密文攻击。选择密文攻击是攻击者能够选择不同的被加密的密文，并得到相应的解密明文，其任务是推导出密钥。

（二）密码学的体制分类

第一，根据加密和解密过程中所采用的方法的不同，可以将密码体制进行分类。主要分为对称密码体制和非对称密码体制两大类。

对称密码体制，称为常规密钥密码体制或秘密密钥密码体制，其特点是加密和解密过程中使用相同的密钥。这种密钥必须对外保密，以确保信息安全。对称密码体制的优点在于加密效率高、保密强度强，但其缺点是密钥分配困难，不适用于开放式系统。

非对称密码体制，称为公开密钥密码体制或双密钥密码体制，其加密和解密过程使用不同但有某种联系的一对密钥。加密密钥公开，而解密密钥保密，且无法从加密密钥推导出解密密钥。非对称密码体制的特点是密钥分配方便，适用于鉴别和数字签名，能够较好地满足开放式系统的需求，但算法开销较大，不适合大量数据的加密处理。

二、密码技术

（一）经典密码技术

经典加密技术是早期使用的密码技术，其基本的加密思想和方法在现代加密技术中仍在使用。经典加密主要采用了两种加密技术：替代技术和置换技术。

1. 替代技术

替代技术是将明文中的每个元素（字母、比特、比特组合或字母组合）映射为另一个元素的技术。明文的元素被其他元素所代替而形成密文。在经典加密技术中使用的元素一般为字母或数字。下面给出经典加密中几种有代表性的替代技术。

（1）凯撒密码。凯撒密码是最早使用的替代密码之一，其核心思想是将字母表视为一个循环的表，通过将明文中的字母替换为表中该字母后面第三个字母来实现加密。虽然凯撒密码简单易用，但其密钥空间有限，容易受到频率分析等攻击方法的破解。

（2）单字母替代密码。单字母替代密码是对凯撒密码的改进，通过打乱密文字母的顺序与明文字母一一对应来增大密钥空间，提高了密码的安全性。然而，单字母替代密码仍然存在着密钥空间不足以抵御现代密码破解技术的问题。

（3）Vigenere 密码。Vigenere 密码利用一个特定的凯撒方阵来修正密文中字母的频率，通过在不同位置出现的相同字母使用不同的替代字母，增加了密码的复杂度，提高了安全性。然而，即使如此，Vigenere 密码也并非绝对安全，其安全性仍然受到密钥长度和密钥更新频率等因素的影响。

2. 置换技术

置换是在不丢失信息的前提下对明文中的元素进行重新排列。多采用移位法进行加密。它把明文中的字母重新排列，本身不变，但位置变了。如：把明文中的字母的顺序倒过来写，然后以固定长度的字母组发送或记录。

（1）矩形转置密码。将明文排列成矩形结构，然后通过控制输出方向和输出顺序来获得密文。具体来说，可以按照规定的方式在矩形结构中选择字母并按照特定的顺序排列，然后将排列好的字母作为密文输出。

（2）图形转置密码。将明文按照特定的图形排列，然后通过改变图形的排列顺序来生成密文。与矩形转置密码类似，图形转置密码也是通过控制图形排列方式来实现置换加密。

（3）矩阵置换密码。将明文中的字母按照给定的顺序排列在一个矩阵中，然后通过另一种顺序选取矩阵中的字母来生成密文。可以通过不同的方式指定矩阵的排列顺序和选取规则，从而实现不同的加密效果。

（二）密钥管理技术

"密码技术是信息安全问题的核心技术之一，密钥管理技术是密码技术的基础。"[①]

1.密钥管理的基本功能

密钥管理负责密钥从产生至最终销毁的整个生命过程的管理，包括密钥的生成、存储、分配、使用、备份、恢复、更新、撤销和销毁等，其中，重要的密钥管理功能如下：

第一，生成密钥。生成高质量的密钥对于安全是至关重要的。用于加密算法的密钥应该在已授权的加密模块中生成。

第二，生成域参数。基于离散对数的加密算法需要首先生成域参数，然后使用该参数来生成密钥。域参数应该在已授权的加密模块中生成。由于域参数一般具有通用性，因此生成用户密钥时不需要重新生成域参数。

第三，绑定密钥和元数据。密钥可能具有关联的数据，比如使用时间段、使用限制（如认证、加密和/或密钥建立）、域参数以及安全服务，诸如来源认证、完整性和隐私保护。该项功能保证了密钥与正确的元数据关联。

第四，绑定密钥到个体。持有密钥的个体或其他实体的标识符被认为是密钥元数据的一部分。由于这种关联至关重要，因此绑定密钥到个体被列为一项单独的功能。

第五，激活密钥。激活密钥将密钥转换为激活状态，它通常与密钥生成一起完成。

第六，去活密钥。当密钥不再需要用于加密保护时被去活。例如，当某个密钥已过期或被其他密钥替换时，该密钥将被去活。

第七，备份密钥。当密钥意外损坏或不可用时，为了重建该密钥，其持有者、密钥管理设施或第三方将备份该密钥。当私钥或秘密密钥由密钥管理设施或第三方备份时，该功能也被称为"密钥托管"。

第八，还原密钥。还原密钥功能与密钥备份功能互补。当密钥因某种原因不可用且授权方需要此密钥时，该功能被调用。密钥备份和还原通常适用于对称密钥和私钥。

第九，修改元数据。当密钥绑定的元数据需要更改时，该功能被调用。更新公钥证书（如更改公钥的有效期）是该功能的一个实例。

第十，更新密钥。更新密钥功能使用新的密钥来替换现有密钥。一般情况下，

---

① 陈亚东,张涛,曾荣,等.密钥管理系统研究与实现[J].计算机技术与发展,2014(2):156.

现有密钥（将被替换的密钥）扮演了身份验证和授权的替代角色。

第十一，挂起密钥。挂起密钥功能用于暂时停止某个密钥的使用。这类似于可逆吊销。如果密钥处于待定状态或密钥持有者希望暂停使用密钥（如长期离开），该功能可能需要被调用。对于秘密密钥而言，可以通过对密钥去活来完成挂起操作。对于公钥和相应的私钥而言，一般是通过使用公钥挂起通知来完成挂起操作。

第十二，恢复密钥。一旦某个挂起的密钥的安全状态被确定后，该密钥被恢复为可用状态。对于秘密密钥而言，通过激活方式来恢复密钥；对于公钥和私钥对而言，通常利用吊销通知来恢复密钥，在吊销通知中，某个公钥条目被删除，则表示该密钥已恢复为可用状态。

第十三，吊销密钥。吊销密钥功能用于通知可信赖方停止使用公钥。引起吊销的原因有很多，包括相应的私钥被攻破，密钥持有者停止使用相应的私钥等。

第十四，归档密钥。归档密钥功能用于长期存储已去活的、已过期的和／或已攻破的密钥。

第十五，销毁密钥。当密钥不再使用时被销毁。

第十六，管理信任锚。管理信任锚功能用于信赖方以确定信任锚的信任目的。信任锚是一个公钥，其相关元数据受到可信赖方的明确信任，并通过信任传递在其他公钥中建立信任，例如，公钥证书链是一系列公钥证书，其中某个证书的数字签名可用于验证下一个证书的数字签名。

2. 密钥管理的安全要求

现在密码体制要求所使用的密码算法必须经过公开评估，因此整个密码系统的安全性并不取决于密码算法的机密性，而是取决于密钥的机密性，一旦密钥遭受泄露、窃取、破坏，机密信息对于攻击者来说已失去保密性。由此可见，密钥管理对于设计和实施密码系统而言至关重要，其应满足的通用安全要求如下：

第一，对执行密钥管理功能的相关各方的身份及其操作权限应进行正确的验证。

第二，所有的密钥管理命令及其相关数据应防欺骗，即：来源认证先于执行密钥管理命令。

第三，所有的密钥管理命令及其相关数据应避免未被发现的、未经授权的篡改，即提供完整性保护。

第四，秘密密钥和私钥免受未经授权的泄漏。

第五，所有的密钥和元数据应防欺骗，即：来源认证先于访问密钥和元数据。

第六，所有的密钥和元数据应避免未被发现的、未经授权的篡改，即提供完整性保护。

第七，当加密机制作为保护机制用于上述任何情况时，所用加密机制的安全强度至少应跟被管理密钥所需的安全强度一样。

第二节　身份信息认证技术

认证，又称鉴别，是对用户身份或报文来源及内容的验证，以保证信息的真实性和完整性。认证技术的共性是对某些参数的有效性进行检验，即检查这些参数是否满足某种预先确定的关系。密码学通常能为认证技术提供一种良好的安全认证，目前的认证方法绝大部分是以密码学为基础的。

一、报文认证

报文认证是指在两个通信者之间建立通信联系之后，每个通信者对收到的信息进行验证，以保证所收到信息的真实性。通常可以分为报文源的认证、报文内容的认证和报文时间性的认证。

第一，报文源的认证。报文源的认证是确认报文发送者身份的重要步骤，常常基于密码学技术实现。例如，一种方法是通过在报文中添加加密密文来实现认证。这些加密密文是事先约定好的通行字的加密数据，或者发送方利用自己的私钥对报文进行加密，然后将密文发送给接收方。接收方利用发送方的公钥进行解密，从而确认发送方的身份。这就是数字签名的原理。

第二，报文内容的认证。报文内容的认证旨在保证通信内容的完整性，以防止数据被篡改。这一认证通常通过认证码（AC）来实现，也可以称为"校验和"。认证码是通过对报文进行某种运算而得到的，与报文内容密切相关。在认证过程中，发送方计算出报文的认证码，并将其作为报文内容的一部分与报文一起发送给接收方。接收方利用约定的算法对报文进行计算，得到一个认证码，然后与发送方计算的认证码进行比较。如果两者相等，则认为报文内容正确；否则，认为报文在传输过程中已被篡改，接收方可以采取相应的措施。

第三，报文时间性的认证。报文时间性认证旨在验证报文的时间和顺序的准确性，以确保接收到的报文与发送时的顺序一致，并且不会出现重复的情况。为实现这一目的，可以采用三种方法：①利用时间戳；②对报文进行编号；③使用预先确定的一次性通行字表，即每个报文使用一个预先确定且有序的通行字标识符来标识其顺序。

二、身份认证协议

身份认证是确保网络通信安全的关键步骤，它为建立一个安全的通信环境提供了基础。在通信双方建立起信任关系之前，必须首先确认彼此的身份。通过身份认证，可以确保只有经过授权的个体才能访问敏感信息和资源，同时，它也为后续的加密通信提供了必要的前提。

在网络信息安全领域，身份认证机制是授权访问控制和审计日志记录等安全服务的核心。这些机制在解决分布式系统中，尤其是在开放网络环境中的信息安全问题时，发挥着至关重要的作用。

在实现消息认证的过程中，通信双方需要遵循一定的规则或标准，这些规则或标准的正式表现形式被称为认证协议。身份认证可以根据其操作方式分为单向认证和双向认证两种类型。单向认证指的是通信过程中，一方对另一方的身份进行验证的认证过程。而双向认证则意味着通信双方需要相互验证对方的身份。

基于这些定义，认证协议可以被进一步划分为单向认证协议和双向认证协议。单向认证协议主要关注如何验证一方的身份，而双向认证协议则包含更为复杂的机制，以确保双方都能够确认对方的身份。这些协议的设计和实施对于保障网络通信的安全性至关重要，因为它们确保了只有经过验证的个体才能参与到通信过程中，从而有效防止了未授权访问和潜在的安全威胁。

（一）单向认证协议

当不需要收发、双方同时在线联系时，只需要单向认证，如电子邮件 E-Mail。一方在向对方证明自己身份的同时，即可发送数据；另一方收到后，首先验证发送方的身份，如果身份有效，就可以接收数据。

用公钥加密方法时，A 向 B 发送 EKUB(M) 可以保证消息的保密性，发送 EKRA(M) 可以保证消息的真实性，若要同时提供保密、认证和签名功能，则需要向 B 发送 EKUB[EKRA（M）]，这样双方都需要使用两次公钥算法。其实，如果只侧重消息的保密性，配合使用公钥和对称密钥则更加有效。

（二）双向认证协议

双向认证协议是最常用的协议，它使得通信双方互相认证对方的身份，适用于通信双方同时在线的情况，即通信双方彼此互不信任时，需要进行双向认证。双向认证需要解决两个主要问题，即保密性和即时性。为防止可能的重放攻击，需要保证通信的即时性。

1.基于对称密码的双向认证协议

用对称加密方法时，往往需要有一个可以信赖的密钥分配中心（KDC），负责产生通信双方（假定 A 和 B 通信）短期使用的会话密钥。协议过程如下：

第一步：A 产生临时交互号 NA，并将其与 A 的标识 IDA 以明文形式发送给 B。该临时交互号和会话密钥等一起加密后返回给 A，以使 A 确认消息的即时性。

第二步：B 发送给 KDC 的内容包括 B 的标识 IDB、临时交互号 NB 以及用 B 和 KDC 共享的密钥加密后的信息。临时交互号将和会话密钥等一起加密后返回给 B，使 B 确信消息的即时性；加密信息用于请求 KDC 给 A 发放证书，因此它制订了证书接收方、证书的有效期和收到的 A 的临时交互号。

第三步：KDC 将 B 的临时交互号、用与 B 共享的密钥 KB 加密后的信息（用作 A 进行后续认证的一张"证明书"），以及用与 A 共享的密钥加密后的信息（IDB 用来验证 B 曾收到过 A 最初发出的消息，并且 NA 可说明该消息是及时的而非重放的消息）发送给 A。A 可以从中得到会话密钥 Ks 及其使用时限 Tb。

第四步：A 将证书和用会话密钥加密的 NB 发送给 B。B 可以由该证书求得解密 EKS（NB）的密钥，从而得到 NB。用会话密钥对 B 的临时交互号加密可保证消息是来自 A 的而非重放消息。

注意，这里的 TB 是相对于 B 时钟的时间，因为 B 只校验自身产生的时间戳，所以不要求时钟同步。

如果发送者的时钟比接收者的时钟要快，攻击者就可以从发送者处窃听消息，并等待时间戳，在对接收者来说成为当前时刻时重放给接收者·这种重放将会得到意想不到的后果。这类攻击称为抑制重放攻击。

2.基于公钥密码的双向认证协议

在使用公钥加密方法时，一个避免时钟同步问题的修改协议如下：

第一步：A 先告诉 KDC 他想与 B 建立安全连接。

第二步：KDC 将 B 的公钥证书的副本传给 A。

第三步：A 通过 B 的公钥告诉 B 想与之通信，同时将临时交互号发给 B。

第四步：B 向 KDC 索要会话密钥和 A 的公钥证书，由于 B 发送的消息中含有 A 的临时交互号，所以 KDC 可以用该临时交互号对会话密钥加戳，其中临时交互号受 KDC 的公钥保护。

第五步：KDC 将 A 的公钥证书的副本和消息（NA，Ks，IDB）一起返回给 B，前者经过 KDC 私钥加密，证明 KDC 已经验证了 A 的身份；后者经过 KDC 的私钥和 B 的公钥的双重加密，Ks 和 NA 使 A 确信 Ks 是新的会话密钥，EKRauth 的使用使得 B 可以验证该信息确实来自 KDC。

第六步：B 用 A 的公钥将 B 的临时交互号和 EKRauth（NA，Ks，IDA，IDB）加密后传给 A。

第七步：A 用会话密钥 Ks 对 NB 加密传给 B，使 B 确信 A 已知会话密钥。

三、基于口令的身份认证

基于口令（Password）的认证方法是传统的认证机制，主要用于用户对远程计算机系统的访问，确定用户是否拥有使用该系统或系统中的服务的合法权限。由于使用口令的方法简单，容易记忆，因此成为广泛采用的一种认证技术。基于口令的身份认证一般是单向认证。

目前，口令认证的安全性问题包括口令泄露、口令截获、口令猜测攻击等，因此，要保证口令认证的安全需要实现口令存储、设置、传输和使用上的安全。

（一）威胁和对策

第一，外部泄露。外部泄露存在由于用户或系统管理人员的疏忽导致密码泄露给未授权人员的风险。为了预防此类事件，应当采取一系列措施，如提升用户的安全意识，实施定期更换密码的政策，以及建立一个安全的密码管理系统。在理想情况下，密码管理系统不应存储用户的实际密码，甚至超级管理员也无法访问这些信息，但他们仍能通过系统验证用户的密码。此外，对于密码的发放机构，也应当采取严格的安全措施，确保用户信息的安全存储，防止泄露。

第二，口令猜测。在这些种情况下，口令容易被猜测：①口令的字符组成规律性较强，如与用户的姓名、生日或电话号码等相关；②口令长度较短，如不足 8 位字符；③用户在安装操作系统的时候，系统帮助用户预设了一个口令。防范口令猜测的对策主要包括：规劝或强制用户使用好的口令，甚至提供软件或设备帮助生成好的口令。

限制从一个终端接入进行口令认证失败的次数。为阻止攻击者利用计算机自动进行猜测，系统应该加入一些延迟环节，如请用户识别并输入一个在图像中的手写体文字。还可以限制预设口令的使用。

第三，线路窃听。攻击者可能会尝试在网络或通信线路上截获密码。为了防范此类攻击，应当采取措施保护密码在传输过程中的安全。当前，许多系统采用单向公钥认证和建立加密连接的方式来保护密码的传输。具体来说，服务器会向用户传递公钥证书，双方基于服务器的公钥协商加密密钥，建立一个安全的加密连接。只有在建立了这样的加密连接之后，用户才被允许输入密码进行认证。

第四，重放攻击。攻击者通过截获合法用户的数据通信，然后在未来的某个时刻重新发送这些数据，以冒充通信的一方与另一方进行交流。为了防范重放攻击，验证方需要具备判断接收到的数据是否为首次接收的能力。这通常可以通过引入非重复值（NRV）来实现，例如使用时间戳或随机生成的数字。时间戳可以确保每次通信的唯一性，因为每次通信都会产生一个新的时间标记；而随机数则可以保证每次认证请求的独一无二。此外，还可以采用序列号或一次性令牌等机制来增强安全性。

第五，对验证方的攻击。对验证方的攻击是指攻击者通过侵入存储有密码基本信息的系统来获取这些信息。如果验证方直接存储了用户的明文密码，那么一旦系统被侵入，密码就会直接泄露。即使验证方仅存储了密码的单向函数输出值，攻击者也可能通过搜索法或暴力破解法来猜测密码。这些方法通常利用预定义的字库或词典，尝试生成并验证可能的密码组合，以匹配用户的密码习惯。

为了防范这类攻击，应当采取三项措施：一是使用强密码策略，要求用户设置复杂且不易猜测的密码；二是采用密码散列（哈希）算法的加盐技术，为每个用户密码添加一个唯一的随机数（盐值），使得即使两个用户使用了相同的密码，它们的散列值也会不同；三是定期更新密码散列，以减少攻击者破解密码的机会；四是采用多因素认证，除了密码之外，还需要其他形式的认证信息，如手机短信验证码、生物识别等，以提高安全性。

（二）挑战—响应技术

为了有效管理一次性口令（NRV）并解决其难以管理的问题，挑战—响应技术应运而生。该技术允许验证者与声称者同步生成一个临时有效的一次性口令。由于该口令参与到认证过程中，重放攻击将因无法复制当前有效的NRV而失效。例如，如果双方主机实现了时间同步，他们可以利用当前时间生成的数据（即时间戳）作为有效的 NRV。然而，在实际应用中，保持双方的持续同步往往面临诸多挑战。

挑战—响应技术通过验证者向声称者发送一个类似于 NRV 的询问消息来实现认证。只有声称者收到该询问消息并掌握正确的一次性口令时，才能成功通过认证。该技术以一种更为安全的方式验证声称者所知晓的特定数据，是网络安全协议设计中广泛采用的一种技术。

在挑战—响应技术中，验证者生成一个随机数或询问消息，并将其发送给声称者。声称者接收到该消息后，结合自己的一次性口令，生成一个响应消息并返回给验证者。验证者随后根据预设的规则对响应消息进行验证，以确认声称者的身份。这一过程不仅提高了认证的安全性，还有

（三）口令的安全性管理

1. 口令的安全存储

口令的安全存储对口令的安全性有着重要影响。一般来说，口令的存储方式主要有两种：一是直接明文存储口令，二是采用哈希散列存储口令。

直接明文存储口令是指将所有用户的用户名和口令以明文形式直接存储在数据库中，没有经过任何算法或加密过程。这种方式存在较大的安全隐患，因为数据库一旦被攻击或者泄露，所有的用户口令都会暴露在外，造成严重的安全问题。

哈希散列函数的主要目的是为文件、报文或其他分组数据产生唯一的"指纹"。在口令的安全存储中，可以采用散列函数对口令文件中每一个用户的口令进行哈希计算，然后将计算得到的散列值与用户名关联存储。当用户登录时，系统会使用相同的散列函数对用户输入的口令进行计算，并与口令文件中存储的对应散列值进行比较。若比较成功，则允许用户访问，否则拒绝其登录。

2. 口令的安全设置策略

（1）账号保护。确保所有活动账号都配备了口令保护机制，这是防止未授权访问的第一道防线。

（2）口令显示。在用户输入口令时，应采用星号、圆点或其他不可见字符来代替实际输入的字符，以防止旁观者通过肩窥等手段窃取口令信息。

（3）口令复杂性。建议口令至少包含字母和非字母字符（如数字、特殊符号等），以增加口令的破解难度。

（4）口令长度。推荐口令长度至少为 8 个字符，因为较长的口令更难被猜测或暴力破解。

（5）账号锁定策略。当用户连续输错口令 3 次后，系统应自动锁定该账号，以防止暴力破解尝试。只有具备相应权限的系统管理员才能解锁。

（6）登录尝试频率控制。应限制用户在一定时间内的登录尝试次数，以防止恶意攻击者进行暴力破解。

（7）初始口令分配。系统管理员在创建账号时，应为合法用户分配一个唯一的初始口令，并要求用户在首次登录时更改此口令，以确保口令的初始安全性。

（8）口令存储。在 UNIX 系统中，口令不应直接存储在 /etc/passwd 文件中。相反，应使用 /etc/shadow 文件来存储加密后的口令，该文件仅对 root 用户和系统自身开放，以增强安全性。

（9）口令安全监控。如果 root 账号的口令被攻破或泄露，必须立即修改所有账号的口令。同时，应定期使用监控工具检查口令的强度和长度，确保它们符合安全标准。

（10）难以猜测的口令。所有系统用户的口令应避免使用容易猜测的字符，如生日、名字等。用户在获取口令时，应通过适当的方式验证其身份。

（11）自动退出机制。为了减少未授权访问的风险，建议在用户空闲状态达到 30 分钟后自动退出系统。

（12）登录记录显示。用户成功登录后，系统应显示上次成功或失败登录的日期和时间，以便用户和管理员监控账号活动，及时发现异常行为。

3. 口令的加密传输

口令认证的一个缺点是其安全性仅仅基于用户口令的保密性，而攻击者可能在通信信道上进行窃听或网络窥探。因此，将口令进行加密传输可以在一定程度上防止口令的泄露。然而，口令的加密传输需要进行密钥管理和分发服务，可以借助于 KDC（密钥分发中心）等基础服务的支持来实现。

四、基于智能卡与 USB Key 的身份认证

基于智能卡和 USB Key 的身份认证技术是当前信息安全领域中两种重要的硬件基础身份验证方法。这些技术利用小型硬件设备来增强认证过程的安全性。

智能卡，也称为集成电路卡（IC 卡），是一种具有硬件加密功能的设备，因其较高的安全性而受到青睐。智能卡通常包含一个微电子芯片，可通过专用的读写器与外部设备进行数据交换。这些卡片配备了微处理器（CPU）、随机存取存储器（RAM）

以及输入/输出（I/O）接口，能够处理大量的数据。在日常生活中，IC 卡的应用非常广泛，如校园卡、社会保障卡、医疗保险卡、公共交通卡等，它们在不同领域承担着各自的功能。随着信息技术的快速发展和社会需求的日益增长，智能卡在身份认证方面的应用前景十分广阔。在身份认证系统中，每个用户持有的智能卡存储着个性化的秘密信息，而相应的验证服务器也保存着相应的秘密信息，以确保认证过程的安全性。

USB Key 是一种基于 USB 接口的小型硬件设备，近年来在身份认证技术领域得到了快速发展，尤其是在网上银行认证中得到了广泛应用。USB Key 通过 USB 接口与计算机相连，其内部集成了 CPU 和芯片级操作系统。所有的数据读写和加密计算都在芯片内部完成，从而有效防止数据被非法复制，确保了极高的安全性。USB Key 中存储着代表用户唯一身份的私钥或数字证书，通过内置的硬件和算法对用户身份进行验证和鉴别。

基于 USB Key 的用户身份认证系统主要采用两种应用模式：一是激励 - 响应认证模式，二是基于公钥基础设施（PKI）的认证模式，以适应不同的用户身份认证需求。此外，USB Key 还可以与动态口令（一次性口令）相结合，进一步提升了认证的安全性。显然，与传统的单纯口令认证方式相比，USB Key 提供了一种更为安全可靠且易于使用的身份认证解决方案，能够在不泄露关键信息的前提下完成身份验证。

在实际应用中，持有智能卡和 USB Key 的用户均被要求设置一个个人识别号码（PIN 码）。在认证过程中，用户需输入 PIN 码，并同时提供智能卡或 USB Key 硬件设备，以实现双因素认证。这种双因素认证机制有效地防止了身份冒充和未授权访问，极大地增强了系统的安全性。

五、基于生物特征的身份认证

传统的身份识别主要依赖于用户所知道的信息和用户所拥有的身份标识物，例如用户的口令、持有的智能卡等。在一些安全性较高的系统中，往往会将这两种因素结合起来，比如自动取款机要求用户提供银行卡和对应的密码。然而，身份标识物容易丢失或被伪造，用户所知道的信息也容易忘记或被他人获取，这使得传统的身份识别无法有效区分真正的授权用户和冒充者。一旦攻击者获取了授权用户的信息和身份标识物，就能够获得相同的权限。

随着现代社会的发展，对人类自身身份识别的准确性、安全性和实用性提出了更高的要求。在寻求更安全、可靠、便捷的身份识别途径的过程中，基于生物特征的身份认证技术应运而生。

生物特征识别技术利用了每个人身体独特的生物特征，如指纹、虹膜、人脸、声音等，作为身份识别的手段。这些生物特征具有不可复制性和不可篡改性，能够更准确地确认用户身份，提高身份识别的安全性和可靠性。与传统的口令和智能卡相比，生物特征识别技术更难被伪造或冒用，大大降低了身份识别被攻击的风险。例如，指纹识别技术通过扫描和比对用户的指纹图像来确认身份，虹膜识别技术利用虹膜纹理的唯一性进行身份验证，人脸识别技术则通过对用户面部特征的识别来进行身份确认。这些生物特征识别技术已广泛应用于银行、政府、边境安检等领域，并逐渐成为现代身份认证的主流技术之一。

基于生物特征的身份认证技术是以生物技术为基础，以信息技术为手段，将生物和信息技术交汇融合为一体的一种技术。

（一）指纹识别技术

基于增强认证系统安全性的考虑，在电子商务身份认证过程中，通过客户端的指纹传感器获得用户的指纹信息，加密后传送到服务器。基于生物特征的身份认证能解决类似于口令窥视和密钥等身份信息管理难的问题，但很难阻止第三方的重放攻击。而基于指纹的电子商务身份认证系统综合了指纹识别、数字签名和加密技术，有效地解决了客户端身份信息的存储和管理问题；同时，通过认证过程中使用时间戳和随机数阻止了第三方的重放攻击。

（二）DNA 识别技术

DNA 识别技术是一种基于生物特征的身份认证方法，它利用生物体内独特的遗传信息进行个体识别。DNA（脱氧核糖核酸）是生物体内负责遗传信息传递的分子，存在于所有有核细胞的生物中。DNA 分子由两条互补的螺旋链组成，每条链上都有序排列着四种核苷酸，即腺嘌呤（A）、胸腺嘧啶（T）、鸟嘌呤（G）和胞嘧啶（C），这些核苷酸的特定序列构成了遗传基因，决定了生物体的各种遗传特征。

人类基因组中的遗传基因数量约为 10 万个，每个基因都是由核苷酸按照特定的顺序组成。人类的 DNA 序列极为庞大，包含大约 30 亿个核苷酸，这使得每个人的遗传信息都是独一无二的。实际上，即使是同卵双胞胎，他们的 DNA 序列也存在微小的差异。这种高度的个体特异性使得 DNA 识别技术在身份认证、亲子鉴定等领域具有极高的应用价值。

然而，由于 DNA 识别技术的精确性和成本问题，在实际应用中，尤其是在安全性要求较高的场合，通常需要结合多种生物特征进行身份认证。生物特征具有不可复制性、唯一性，并且易于获取，这些特性使得基于生物特征的身份认证技术在安全性和便捷性方面具有明显优势。

数字证书作为一种公认的网络安全身份认证手段，在身份认证技术中扮演着重要角色。通过将数字证书存储在智能卡或 USB Key 等硬件设备中，并结合用户的生物特征信息进行认证，可以有效提升身份认证的安全性、便捷性和可移动性，同时也增强了身份认证的可靠性。

在构建实际的身份认证系统时，通常不会单独依赖某一项技术，而是综合运用多种技术手段，以达到既定的效率和安全目标。此外，技术手段本身并不能保证绝对的安全。当在身份认证过程中遇到异常情况，例如在正确输入口令后仍无法获得相应服务时，应立即提高警觉，这可能是攻击者试图盗取身份信息的迹象。因此，用户和系统管理员都应保持高度的警惕性，及时发现并应对潜在的安全威胁。

六、身份认证的使用

（一）PPP 认证

PPP（Pointto Point Protocol）协议是 TCP 中点到点类型线路的数据链路层协议，支持在各种物理类型的点到点串行线路上传输上层协议报文。为了在点到点链路上建立通信，PPP 链路的每一端在链路建立阶段必须首先发送链路控制协议（Link Control Protocol, LCP）包进行数据链路配置。链路建立之后，PPP 提供可选的认证阶段，可以在进入网络控制协议阶段之前实施认证。

PPP 提供了以下两种可选的身份认证方法：

（1）PAP 认证。PAP 是一个简单且实用的身份验证协议，它主要用于 PPP（Point-to-Point Protocol）连接中。在 PPP 连接建立过程中，首先通过 LCP（Link Control Protocol）协议协商认证方式，确定使用 PAP 进行身份验证。PAP 的工作过程如下：

客户端（被认证者）输入用户名和密码。

服务器端（认证者）在数据库中查找用户名和密码。

服务器端根据数据库中的信息进行比对，以确定是否允许客户端通过验证。

尽管 PAP 认证简单且节省带宽，但它存在一个显著的安全隐患：用户名和密码以明文形式在网络上传输，容易被协议分析软件捕获。尽管如此，在某些场景下，如拨号网络，PAP 仍然适用。这是因为系统的用户名和密码通常是公开的，而服务器端主要根据链路建立的时间和电话号码进行计费。在这种情况下，攻击者截获密码的实际意义不大，因此使用 PAP 进行身份验证是可行的。

（2）CHAP 认证。CHAP 是一种更为安全的身份验证协议，它通过三次握手过程周期性地验证通信双方的身份。与 PAP 不同，CHAP 在链路建立阶段和链路建立后的任何时候都可以进行身份验证。CHAP 的工作过程如下：

第一，本地路由器（被认证者）和远程访问路由器 NAS（认证者）之间使用 PPP 协议进行通信。

第二，双方在数据库中保存共享密钥，该密钥可以是密码字。

第三，认证者向被认证者发送一个随机序列，称为"挑战字符串"。

第四，被认证者使用共享密钥对挑战字符串进行加密，并将加密结果发送回认证者。

第五，认证者使用相同的共享密钥对收到的加密结果进行解密，以验证被认证者的身份。

CHAP 认证的优势在于它不在网络上传输明文密码。相反，它使用经过摘要算法处理的挑战字符串，这大大降低了密码被截获的风险。此外，CHAP 允许在通信过程中随时进行身份验证，从而提供了更高级别的安全性。

（二）AAA 认证

AAA 指的是认证（Authemication）、授权（Authorization）和审计（Accounting）。其中，认证指用户在使用网络系统中的资源时对用户身份的确认。这一过程，通过与用户的交互获得身份信息（如用户名—口令、生物特征等），然后提交给认证服务器，根据处理结果确认用户身份是否正确。授权是网络系统授权用户以特定的方式使用其资源，这一过程指定了被认证的用户在接入网络后能够使用的业务和拥有的权限，如授予的 IP 地址等。审计是网络系统收集、记录用户对网络资源的使用，以便向用户收取资源使用费用，或者用于计费等目的。例如，对于网络服务供应商 ISP 用户的网络接入使用情况可以按流量或者时间被准确记录下来。

AAA 提供了访问控制的框架，使得网络管理员可以通过策略访问所有的网络设备，它具有四个优点：①集中控制：通过集中管理安全信息，如账号和密码，简化了网络管理并提高了安全性。②扩展性：AAA 规范允许安全产品厂商设计和生产兼容的安全产品，使得网络可以灵活地集成多种安全解决方案。③适用性：AAA 框架既适用于网络内部的认证，也适用于网络接口的各种认证场景。④灵活性：可以在不改造现有网络的情况下，实施 AAA 框架，提高了网络升级的可行性和效率。

AAA 最常使用的协议包括远程验证拨入用户服务和终端访问控制器访问控制系统等。

1.RADIUS

RADIUS（Remote Authentication Dial-In User Service）最初设计用于拨号网络，目的是为拨号用户提供集中式的身份认证和审计服务。随着技术的发展，RADIUS 已经被广泛应用于各种网络设备的认证，成为网络安全领域的一个重要组成部分。"RADIUS 协议是一个被广泛应用于网络认证、授权和计费的协议。"[①]

作为一种基于 UDP 的客户机 / 服务器协议，RADIUS 具有高度的灵活性和可扩展性。它支持多种认证机制，包括 PAP、CHAP 以及 UNIX 登录认证等，能够适应不同的网络环境和安全需求。RADIUS 的工作流程基于 Attribute-Length-Value（ALV）向量，这使得它能够处理各种认证和授权相关的信息。

RADIUS 服务器具有访问用户账号信息的权限，并能够检查网络访问身份验证证书。当用户尝试访问网络时，RADIUS 服务器会验证其身份，并在验证成功后根据预设的策略对用户访问进行授权。此外，RADIUS 服务器还会记录每次网络访问的详细信息，以便进行审计和监控。

RADIUS 认证是一种基于挑战 / 应答（Challenge/Response）方式的身份认证机制。每次认证时服务器端都给客户端发送一个不同的"挑战"信息，客户端程序收到这个"挑战"信息后，做出相应的应答。一个典型的 RADIUS 认证过程包括以下五个步骤：

（1）用户尝试登录路由器，提供必要的账号和密码信息。

（2）路由器将用户信息加密，转发给 RADIUS 认证服务器。

（3）RADIUS 认证服务器在 RADIUS 数据库中查找相关的用户信息。

（4）根据查找的结果向路由器发送回应。如果找到匹配项，则返回一个访问允许（Access-accept）消息；否则，则返回一个访问拒绝（Access-reject）消息。

（5）路由器根据 RADIUS 认证服务器的返回值，确定允许或拒绝用户的登录请求。

也可以在同一个网络中安装多个 RADIUS 服务器，这样能提供更加有效的认证。

---

① 程明辉 .Radius 服务器在校园网中的应用 [J]. 民营科技，2011（7）：33.

在多 RADIUS 认证服务器协同工作时，如果路由器向 RADIUS 认证服务器 A 发送认证请求后，在一定时间内没有接到响应，它可以向网络中的另一台认证服务器，BPRADIUS 认证服务器 B 发送认证请求。以此类推，直到路由器从某个服务器得到认证为止。如果所有的认证服务器都不可用，那么这次认证就以失败告终。

RADIUS 有五个特点：①使用 UDP 协议进行通信，其中 1812 端口用于认证和授权，1813 端口用于审计；②采用共享密钥机制，密钥在网络中不传播，密码通过 MD5 加密传输，增强了安全性；③具备重传机制，可以在多个服务器间进行认证请求，确保认证过程的连续性；④配置简单，用户只需安装客户端应用程序，申请成为合法用户，并使用自己的账号进行认证。

2.TACACS+

TACACS+ 是客户机／服务器型协议，其服务器维护于一个数据库中，该数据库是由运行在 UNIX 或 Windows 上的 TACACS+ 监控进程管理的，其端口号是 49。在使用 TACACS+ 的访问策略前，必须要对 TACACS+ 服务进行配置。

当用户试图访问一个配置了 TACACS+ 协议的路由器时，开始的认证过程如下：

（1）路由器在用户与 TACACS+ 服务器之间建立连接并传递消息，这是一个交互式的过程。路由器根据 TACACS+ 监控进程的要求，告知用户需要提供哪些信息。用户根据提示填写信息后，路由器将这些信息传送给 TACACS+ 服务器。此过程重复进行，直至 TACACS+ 服务器收集到所有必要的认证信息。

（2）TACACS+。TACACS+ 监控进程根据收到的认证信息，向路由器发送相应的响应。响应类型包括：① ACCEPT，表示认证成功，用户可以继续进行其他操作；② REJECT，表示认证失败，用户的访问请求被拒绝；③ ERROR，表示在认证过程中出现错误，认证无法继续；④ CONTINUE，表示需要用户提供更多的认证信息。

（3）认证成功后，还需进行 TACACS+ 授权过程。路由器再次与 TACACS+ 监控进程建立连接，监控进程会返回两种类型的响应：SPREJECT（拒绝访问）和 ACCEPT（允许访问）。

TACACS+ 提供了一种分离式、模块化的认证、授权和审计管理方法。每个访问控制器（即监控进程）都维护自己的数据库，并能利用其他服务，无论这些服务是在同一台服务器上还是分布在网络中的其他位置。TACACS+ 通过 AAA 安全服务进行管理，具有以下特点：

第一，认证。TACACS+ 通过登录和密码对话、挑战－响应消息等方式，提供对认证过程的完全控制。TACACS+ 的认证是可选的，可以根据需要进行配置。它能够处理与用户的对话，并能向管理机发送消息。此外，TACACS+ 协议还支持被访问资源与 TACACS+ 监控进程间的双向认证功能。

第二，授权。TACACS+ 在用户会话期间提供细粒度的访问控制，包括自动执行的命令、访问控制、会话的持续时间或协议等。此外，还可以限制用户在使用认证功能时允许执行的命令。

第三，审计。TACACS+ 收集用户的审计信息，并将其发送到监控进程。网络管理员可以利用审计功能来跟踪用户活动或提供用户的审计报告。审计信息通常包括用户身份、执行的命令、登录及退出时间、数据包的数量和字节等。

第四，安全。TACACS+ 监控进程与网络设备之间的通信采用加密方式，对所有数据进行加密，提高了安全性。尽管到目前为止，尚未发布针对 TACACS+ 协议的安全警告，但需要注意的是，TACACS+ 仅对传输过程进行加密，并未对报文内容本身进行加密，因此黑客仍有可能通过嗅探软件获取相关信息。

第五，多种类型的验证方式。TACACS+ 支持多种认证协议，如 PAP、CHAP、Kerberos 等，允许客户端采用多种认证方式，以提供更全面的安全保护。

第三节　数字签名与数字证书

一、数字签名

（一）数字签名的属性

一种完善的数字签名应满足以下三个条件：

第一，签名者事后不能否认自己的签名。

第二，其他任何人均不能伪造签名，也不能对接收或发送的信息进行篡改、伪造和冒充。

第三，签名必须能够由第三方验证，以解决争议。

（二）数字签名的要求

第一，签名必须是依赖于被签名信息的一个位串模式。

第二，签名必须使用某些对发送者是唯一的信息，以防止双方的伪造与否认。

第三，必须相对容易生成该数字签名。

第四，必须相对容易识别和验证该数字签名。

第五，伪造该数字签名在计算复杂性意义上具有不可行性，既包括对一个已有的数字签名构造新的消息，也包括对一个给定消息伪造一个数字签名。

第六，在存储器中保存一个数字签名副本是现实可行的。

（三）数字签名的类别

第一，按方式分为直接数字签名和仲裁数字签名。

第二，按安全性分为无条件安全的数字签名和计算上安全的数字签名。

第三，按可签名次数分为一次性的数字签名和多次性的数字签名。

二、数字证书

数字证书就是互联网通信中标志通信各方身份信息的一系列数据，提供了一种在网络上验证身份的方式，其作用类似于司机的驾驶执照或日常生活中的身份证。

（一）数字证书的使用原因

基于网络的电子商务技术为顾客提供了便捷轻松的购物体验，但同时也增加了敏感数据被滥用的风险。在这样的背景下，保障网络安全显得尤为重要。网络电子商务系统必须确保信息传输的保密性、数据交换的完整性、发送信息的不可否认性以及交易者身份的确定性，这是网络安全的四大要素。

第一，信息的保密性。商务信息的泄露可能导致信用卡被盗用或商业机密泄露等问题。因此，电子商务中的信息传输通常都需要加密保护，以确保敏感信息的安全传输和存储。

第二，交易者身份的确定性。在网上交易中，双方往往相互陌生，因此确定对方的身份至关重要。商家需要确保客户身份的真实性，而顾客也需要确保所购买的商品来自可信的商家。为了实现这一目标，各方通常会进行身份认证的工作，如银行、信用卡公司和销售商店等都会采取相应的措施确认交易双方的身份。

第三，不可否认性。一旦交易达成，就不应该被任意否认，否则将损害交易各方的利益。例如，如果一方在金价上涨后否认收到订单，将给另一方造成损失。因此，在电子交易中，各个环节都必须确保信息的完整性和真实性，以防止交易的不可否认性成为争议的焦点。

（二）数字证书的工作流程

数字证书是确保通信安全的重要工具，其工作流程通常包括以下步骤：

用户注册和证书签发：每个用户都有一个独特的名字，证书认证中心（CA）为每个用户分配一个唯一的名字，并签发包含用户公钥和相关信息的数字证书。

证书获取和验证：如果用户甲想要与用户乙通信，他首先需要获取乙的数字证书。然后，甲通过验证乙的数字证书来确保其有效性。如果甲和乙使用相同的CA，验证就比较简单，甲只需要验证乙的数字证书上CA的签名。但如果使用不同的CA，甲则需要从CA的树形结构中查询，并找到共同信任的CA。

证书的存储和交换：数字证书可以存储在网络数据库中，用户可以通过网络相互交换证书。一旦证书被撤销，它将从证书目录中删除，但签发此证书的CA仍然保留证书的副本。

证书撤销和废止列表（CRL）：如果用户的密钥或CA的密钥被破坏，导致证书的撤销。每个CA都必须维护一个已撤销但未过期的证书废止列表（CRL）。当甲收到新证书时，应首先从CRL中检查证书是否已被撤销。

数字信息传输：在数字证书的基础上，现有持证人甲可以向持证人乙传送数字信息，为了确保信息传输的真实性、完整性和不可否认性，需要对要传输的信息进行数字加密和数字签名。

（三）数字证书的具体应用

数字证书在多个领域发挥着不可或缺的作用。它通过加密技术和身份认证机制，为电子政务、电子商务、金融服务等提供了安全保障。数字证书的应用不仅提高了交易和服务的安全性，也为企业和个人用户带来了便利。

第一，网上交易的安全保障。在电子商务领域，数字证书的应用尤为重要。通过数字证书的认证技术，可以对交易双方的身份进行核实，确保交易的合法性和安全性。数字证书的使用，使得交易双方能够在互联网上进行安全的信息交换，防止了交易信息被窃取或篡改的风险。此外，数字证书还提供了非抵赖性，确保交易双方无法否认其在交易过程中的行为和承诺，从而保护了各方的利益。

第二，网上办公的高效实现。数字证书在网络办公领域的应用，使得政府机构和企业的内部通信和文件传输变得更加安全和高效。通过数字证书的加密和数字签名技术，可以确保政文和敏感信息在传输过程中的安全性和完整性。此外，数字证书还支持跨部门和跨地区的协同工作，通过网络连接不同岗位的工作人员，实现了办公自动化和信息化。

第三，网上招标的透明化。传统的招投标过程中存在诸多不便和弊端，而数字证书的应用使得网上招标成为可能。通过数字证书对企业身份的确认和资质的审核，可以确保招投标活动的公开、公平和透明。企业在网上进行招投标时，可以安全地了解和确认对方的信息，选择符合条件的合作伙伴。这种网上招标系统不仅提高了招投标的效率，还有助于企业制定正确的投资策略和选择合适的合作者。

第四，网上报税的安全与便捷。数字证书在网络税务申报中的应用，极大地提高了报税的安全性和便捷性。利用数字证书进行用户身份认证和数据加密，可以确保申报数据的完整性和真实性，防止数据被篡改或伪造。同时，数字证书还保护了纳税人的商业机密和个人隐私，确保了敏感信息在网络传输过程中的安全。

第五，安全电子邮件的实现。在电子邮件通信中，数字证书的应用确保了邮件内容的安全性和完整性。发送方可以使用接收方的公钥对邮件进行加密，而接收方则可以使用自己的私钥进行解密。这种加密机制不仅保护了邮件内容不被未授权的第三方阅读，还确保了邮件发送者的身份得到验证，防止了邮件的伪造和篡改。

第三章 网络信息安全管理策略

第一节 网络操作系统安全管理

"操作系统是计算机系统的重要组成部分，是软件架构的基石"[①]，是网络软件系统的基础，它是整个网络的核心，通过对网络资源的管理，为用户方便而有效地使用网络资源提供网络接口和网络服务。网络操作系统运行在被称为服务器的计算机上，并由联网的计算机用户共享，这类用户称为客户。

一、Windows 操作系统安全管理

（一）自带防火墙的高级安全配置

Windows 操作系统提供了强大的防火墙功能，可通过其自带的防火墙进行高级安全配置。IPSec 规则的建立可以保护必要的网络流量，而新的预设行为法则则降低了配置复杂性，使得安全设置更加简单和易于管理。通过这种方式，管理员可以更加有效地保护网络免受恶意攻击和未经授权的访问。

此外，Windows 防火墙还提供了高级的安全审计功能，可记录和监控网络流量，以便及时发现和应对安全威胁。管理员可以利用这些审计功能来审查安全事件日志，分析网络流量模式，并制定相应的安全策略，进一步加强系统的安全性。

（二）加密组件 BitLocker

BitLocker 是 Windows 操作系统中的一个重要安全特性，可用于保护计算机中的数据免受物理丢失、盗窃或恶意泄露的威胁。它通过对系统卷上存储的数据进行加密来确保数据的安全性，即使硬盘被盗或丢失，也能保证敏感信息不会落入他人手中。

---

① 白紫星，戴华昇，宋怡景，等．基于多内核的操作系统内生安全技术［J］．集成电路与嵌入式系统，2024，24（01）：58．

除了保护数据的安全性，BitLocker 还提供了灵活的管理功能，管理员可以通过集中管理工具对 BitLocker 进行配置和监控，确保所有计算机都符合安全策略。此外，BitLocker 还支持多种认证方式，包括 PIN 码、USB 密钥、智能卡等，从而提供了多重身份验证，增强了系统的安全性。

（三）网络访问保护 NAP

网络访问保护（NAP）是一种企业网络安全管理工具，旨在防止不安全的计算机访问企业网络并造成潜在威胁。通过 NAP，企业用户可以自行配置客户端的安全要求，并在通过账户合法性验证后才允许其连接到企业网络上。本质上，NAP 可被视为一个能够评估客户端安全状态的软件，在网络管理员配置好相应的安全策略后，当发现不符合安全标准的计算机时，NAP 将会限制这些计算机的网络访问，从而保护局域网中其他计算机的安全。

NAP 的工作原理基于网络访问控制的概念，通过对网络上连接的设备进行评估，确保其符合预先设定的安全要求。这些安全要求可能包括最新的防病毒软件和防火墙更新、系统更新的安装情况等。当客户端设备尝试连接到企业网络时，NAP 会对其进行评估，并根据其符合性决定是否允许其访问。如果客户端不符合安全要求，NAP 将会采取措施，例如将其重定向到一个受限的网络或者提供受限的访问权限，以确保网络的整体安全性。

（四）只读域控制器 RODC

只读域控制器（RODC）则是 Windows 系统中的一种新型域控制器。与传统的域控制器相比，RODC 的特点在于它将活动目录数据库保持在只读状态，因此它不会直接修改活动目录中的数据。这种设计不仅提高了活动目录数据库的可靠性和安全性，还减少了流量消耗，特别是在网络较大或连接较慢的情况下尤为明显。

RODC 的主要应用场景是在要求快速、可靠的身份验证服务，但同时无法保证可写域控制器的物理安全性的位置中部署域控制器。例如，在分布式企业网络中的边缘位置或不安全的物理环境中，RODC 可以提供安全的身份验证服务，并且由于其只读特性，即使被攻击或物理上被窃取，也不会直接危及活动目录数据库的完整性。因此，RODC 为企业提供了一种更安全地部署域控制器的选择，尤其是在较为复杂或不可靠的网络环境中。

（五）服务器核组件 Server Core

Server Core 是一个运行在 Windows 版本的操作系统上的极小的服务器安装选项，

其作用就是为特定的服务提供一个可执行的功能有限的低维护服务器环境。Server Core 是为网络和文件服务基础设施开发人员、服务器管理工具和实用程序开发人员设计使用的。Server Core 能够帮助用户快速实现四种服务器角色（文件服务器、DHCP 服务器、DNS 服务器和域控制器）的部署，它能够有效地提高安全性和降低管理复杂度，并可以实现最大限度的稳定性。

（六）信息系统 IS 的改进

IS 的改进以及群集改进对于提高系统管理效率和简化群集管理至关重要。这些改进措施旨在使管理员能够更专注于对应用程序和数据的管理，而不是繁琐的群集维护工作上。IS 的改进旨在提高系统管理的效率和简化管理界面。通过对系统管理界面的改进，管理员可以更轻松地进行各种管理操作，包括配置和监控系统状态、管理用户权限、调整系统设置等。这种改进使得管理员能够将更多的精力集中在对应用程序和数据的管理上，从而提高了整个系统的运行效率和管理效果。

二、UNIX 系统安全

（一）UNIX 系统安全基础

"Linux 操作系统在企业中扮演了重要的角色，各大互联网公司、通信公司都在努力建立自己的服务器平台，如果服务器被入侵，会给企业造成巨大的影响，服务器安全问题则是目前需要研究的重点问题。"[①] 文件系统安全在 UNIX 系统中扮演着至关重要的角色。在 UNIX 环境下，一切皆为文件。文件系统以一个层级化的树形结构组织，根目录被称为 root，所有文件都从此处开始组织。基本的文件类型包括正规文件、特殊文件、目录、链接、套接字以及字符设备。每个用户在 UNIX 系统中拥有唯一的用户名和用户 ID（UID），并且可以属于一个或多个组。用户组的基本成员在 /etc/passwd 文件中定义，而额外的组成员在 /etc/group 文件中定义。文件和目录拥有三组权限，分别是文件所有者的权限、文件所属组的权限以及其他用户的权限。

在 UNIX 系统中，特别需要注意的是文件的 SUID（设置文件所有者 ID）位和 SGID（设置文件所在组 ID）位。一些攻击者经常利用具有 SUID 或 SGID 位的文件来设置后门。当用户执行一个拥有 SUID 位的文件时，进程的用户 ID 会被设置为文件所有者的 ID，如果文件的所有者是 root，则用户将拥有超级用户权限。类似地，当用户执行一个拥有 SGID 位的文件时，用户的组会被设置为文件的组。在 UNIX 系统中，

---

① 谭仁龙 .Linux 服务器安全措施探讨 [J]. 信息记录材料，2023，24（11）：39.

用户 ID 分为实际 ID 和有效 ID 两种。实际 ID 是用户登录时分配的 ID，而有效 ID 则是进程运行时的权限。通常情况下，当用户执行命令时，进程会继承用户登录 Shell 的权限，这时实际 ID 和有效 ID 是相同的。然而，当 SUID 位被设置时，进程将继承命令所有者的权限，攻击者可以利用这一特性创建后门。因此，系统管理员应定期检查系统中存在哪些 SUID 和 SGID 文件。

早期版本的 UNIX 系统安全性能较差，仅达到了 TCSEC 的 Cl 安全级别。但随后的新版本引入了受控访问环境的增强特性，并增加了审计功能，进一步限制了用户对系统指令的执行。审计功能可以跟踪所有的安全事件和系统管理员的操作，使得 UNIX 系统达到了 C2 安全级别。

（二）UNIX 系统的漏洞及防范

1.RPC 服务缓冲区溢出

在 UNIX 系统中，远程过程调用（RPC）服务缓冲区溢出是一种常见的漏洞，其潜在威胁不容忽视。RPC 是一种协议，允许一台计算机上的程序远程执行另一台计算机上的程序，它被广泛用于提供网络远程服务，如 NFS 文件共享等。然而，由于 RPC 服务的代码实现问题，导致其几个服务进程容易受到远程缓冲区溢出攻击的影响。这种漏洞使得攻击者可以发送程序不支持的数据，从而继续传送和处理这些数据，从而可能导致系统被入侵或者遭受其他形式的攻击。

要防范 RPC 服务缓冲区溢出漏洞，需要采取一系列措施。首先，及时安装补丁程序是至关重要的。补丁程序能够修复已知的漏洞，并提高系统的安全性。其次，对于那些不需要从因特网直接访问的计算机，可以考虑关闭或删除 RPC 服务，从而减少系统面临的潜在风险。此外，关闭 RPC 的 loopback 端口以及在路由器或防火墙中关闭 RPC 端口也是有效的防范措施，可以有效降低系统受到攻击的风险。

2.Sendmail 漏泥

Sendmail 漏洞是 UNIX 系统中一个备受关注的安全问题。作为 UNIX 上最常用的电子邮件发送、接收和转发程序，Sendmail 在因特网上的广泛应用使其成为攻击者的主要目标。攻击者可以利用 Sendmail 存在的漏洞进行各种形式的攻击，其中最常见的攻击是发送一封特别设计的邮件消息给运行 Sendmail 的计算机。Sendmail 在处理这些恶意消息时存在缺陷，导致它会根据攻击者的要求将口令文件发送给攻击者，从而暴露系统中的重要信息。

为了防范 Sendmail 漏洞带来的潜在风险，需要采取一系列的预防措施。首先，及时更新 Sendmail 为最新版本是至关重要的，因为新版本通常会修复已知的安全漏洞，从而提高系统的安全性。其次，定期下载并安装 Sendmail 的补丁程序也是必不可少的，这些补丁程序可以修复新发现的漏洞，加固系统的防护措施。另外，对于那些不需要作为邮件服务器或代理服务器运行 Sendmail 的系统，最好将其配置为非 daemon 模式，以减少潜在的攻击面。

3.BIND 的脆弱性

BIND 是域名服务 DNS 中最常用的软件包之一。然而，尽管其在网络通信中的重要性，但也存在一定的安全缺陷，这使得它成为攻击者的目标之一。攻击者可以利用 BIND 的漏洞来攻击 DNS 服务器，进而实施各种形式的攻击，包括但不限于删除系统日志、安装恶意软件以获取管理员权限、修改系统配置以及执行网络扫描以发现其他易受攻击的 BIND 服务器等。

为了防范 BIND 的脆弱性，可以采取以下一系列措施：

（1）取消非 DNS 服务器上的 BIND 服务：对于那些不需要提供 DNS 服务的计算机，应该取消或禁用 BIND 服务，以减少系统受到攻击的可能性。

（2）升级或修补 BIND 软件：在 DNS 服务器上，应该及时将 BIND 软件升级到最新版本或者安装最新的补丁程序。新版本通常会修复已知的安全漏洞，提高系统的安全性。

（3）以非特权用户身份运行 BIND：在配置 BIND 时，应该将其配置为以非特权用户的身份运行，这样可以减少潜在的攻击面，防止远程控制等攻击。

4.R 命令缺陷

R 命令（包括 rsh、rcp、rlogin 和 rcmd）在 UNIX 系统中提供了便利的远程登录和文件传输功能，常被系统管理员用于在不同系统之间进行操作。然而，R 命令存在一些安全缺陷，可能会被攻击者利用造成严重后果。

R 命令允许用户在远程计算机上登录而不需要提供口令，这意味着远程计算机会信任来自可信赖 IP 地址的任何人。攻击者只需获取了可信赖网络中的一台计算机，就有可能登录到任何信任该 IP 的计算机，从而造成系统安全隐患。

为了有效防范 R 命令的安全风险，可以采取以下措施：

（1）取消 IP 为基础的信任关系。不再依赖 IP 地址来确定信任关系，而是采用更严格的身份验证方式，如基于用户的口令认证等。

（2）不使用 R 命令。尽可能避免使用 R 命令，而选择更安全的远程登录和文件传输方式，如 SSH 协议等。SSH 协议提供了加密通信和身份验证机制，能够有效保护系统免受未经授权的访问。

（3）采用更安全的认证方式。强化系统的认证方式，例如使用公钥认证、双因素认证等更加安全的身份验证方式，确保只有经过授权的用户能够访问系统。

三、Linux 系统安全

Linux 是一种类似于 UNIX 操作系统的自由软件，是一种与 UNIX 系统兼容的新型网络操作系统。Linux 的安全级已达到 TCSEC 的 C2 级，一些版本达到了更高级别。Linux 的一些安全机制已被标准所接纳。Linux 系统具有如下安全措施：

（一）Linux 系统身份验证

Linux 系统中的身份验证是其安全机制的重要组成部分。与许多其他操作系统不同，Linux 系统将用户的身份验证和权限控制分开设计，以提高系统的安全性和灵活性。在 Linux 中，身份验证主要通过两种基本体系实现：/password/shadow 体系和 PAM 体系。

首先，/password/shadow 身份验证体系是 Linux 系统中最基本和简单的验证方式之一。该体系使用用户口令进行身份验证。当用户输入口令时，系统将其与预设的口令进行比较，若匹配，则用户被授权进入系统。虽然简单，但这种方式在保障基本安全性的同时，也存在一定的局限性。

其次，PAM（可插入式认证模块）体系是 Linux 系统中更加灵活和强大的安全验证模块体系。PAM 体系的引入使得系统在验证过程中可以根据需要添加或删除特定功能，从而实现更加个性化的身份验证机制。PAM 体系由一组模块组成，这些模块可以在验证过程中被调用，允许同时使用多种验证方式。此外，PAM 体系支持诸如加密口令、资源控制、限制用户入网时间和地点等高级功能，使得系统管理员可以根据实际需求来定制身份验证策略，提高系统的安全性和灵活性。

总的来说，Linux 系统中的身份验证体系通过 /password/shadow 体系和 PAM 体系的组合，为用户提供了安全可靠的身份验证机制。在实际应用中，管理员可以根据具体情况选择合适的验证方式，并结合 PAM 体系的灵活性来实现更加个性化的安全策略，以满足不同用户和系统的需求。

（二）Linux 系统用户权限体系

Linux 系统的用户权限体系是保障系统安全和用户数据隔离的重要组成部分，主要包括用户权限、超级用户权限以及 SUID（Set User ID）机制。

首先，用户权限是 Linux 系统中基本的权限管理机制。Linux 采用标准的 UNIX 文件权限体系，每个文件都有属主用户（user）、属主程序组（group）以及其他用户（other）三种权限设置。对于每个文件，都可以设置用户访问权限、组访问权限和其他用户访问权限，从而实现文件的权限控制和用户的隔离。

其次，超级用户权限指的是 root 用户拥有的特殊权限。作为系统管理者，root 用户具有极大的权限，可以访问系统中的任何文件并对其进行读写操作。获得 root 权限被视为入侵 Linux 系统的关键目标之一，因为拥有 root 权限的用户可以对系统进行任意修改，这也是系统管理员需要特别注意保护 root 账户安全的重要原因之一。

最后，SUID 机制是 Linux 系统中的一项重要功能，通过设置 SUID 和 SGID 位来实现。当文件的 SUID 位被设置为 1 时，执行该文件的用户会暂时获得文件的属主用户的权限，而不是执行者自身的权限。类似地，当 SGID 位被设置时，执行者会暂时获得文件的属主程序组的权限。这个机制在一些特定情况下非常有用，比如让普通用户执行某些需要特殊权限的程序，同时又不希望将完整的权限授予这些用户。

（三）Linux 系统文件加密机制

文件加密机制在 Linux 系统中扮演着关键的角色，它将加密服务与文件系统紧密结合，提高了系统的安全性和数据的保护。Linux 系统已经有多种加密文件系统，其中 TCFS 是较为代表性的一种。

文件加密机制的引入有效防止了磁盘信息被盗窃、未经授权的访问以及信息的不完整等安全威胁。通过将加密服务融入文件系统，用户可以在不影响文件访问和操作的情况下，保护文件内容的机密性和完整性。

TCFS 作为一种透明的加密文件系统，通过不修改文件系统的数据结构，使得用户感觉不到文件的加密过程。这意味着备份、修复以及用户访问保密文件的语义都不会发生变化，大大提高了系统的可用性和用户的便利性。

TCFS 的关键特点之一是它可以确保只有合法拥有者可以访问保密文件，对于其他用户、文件传输过程中的窃听者以及文件系统服务器的超级用户来说，保密文件都是不可读的。这种强大的访问控制机制保证了保密文件的安全性，同时对于合法用户来说，访问保密文件与访问普通文件没有任何区别，不会给用户带来额外的麻烦或学习成本。

（四）Linux 系统安全系统日志与审计机制

即使在网络采取了多种安全措施的情况下，仍然存在着各种漏洞，为攻击者提供了机会。在漏洞修补之前，攻击者可能会利用这些漏洞攻击更多的机器。为了提高网络的安全性，Linux 系统采用了安全审计功能，通过系统日志记录攻击者的行踪，从而进行网络安全检测与响应。

日志是对系统行为的详细记录，它包括用户的登录 / 退出时间、用户执行的命令以及系统发生的错误等。在 Linux 安全结构中，日志扮演着至关重要的角色，因为它们提供了攻击发生时的唯一真实证据。在检查网络入侵时，日志信息是不可或缺的。在标准的 Linux 系统中，操作系统维护着以下三种基本日志：

第一，连接时间日志。用于记录用户的登录信息。这是最基本的日志系统，管理员可以通过它了解哪些用户在何时进入系统。

第二，进程记账日志。用于记录系统执行的进程信息，例如某进程消耗了多少CPU 时间等。

第三，Syslog 日志。不由系统内核维护，而是由 syslogd 或其他相关程序完成。它包含各种程序对运行中发生的事件的处理代码。

除了上述的安全机制，Linux 系统还采取了许多具体的安全措施，如提升系统的安全级别、SSH 安全工具、虚拟专用网（VPN）等。其中，提升系统的安全级别是一项重要措施，通过将系统的安全级别从 C2 级提升到 Bl 级或 B2 级，可以增强系统的安全性。SSH 安全工具提供了一种加密的远程登录协议，可以在不安全的网络中安全地进行远程登录。而虚拟专用网（VPN）则通过加密和隧道技术，实现了远程用户与企业内部网络的安全连接，有效保护了数据的传输安全。

（五）Linux 系统强制访问控制

强制访问控制（MAC）是一种由管理员从全系统角度定义和实施的访问控制，它通过标记系统中的主客体，强制性地限制信息的共享和流动，从根本上防止信息泄露和访问混乱的现象。在 Linux 操作系统中，由于其自由式的特性，实现强制访问控制的方式多种多样，其中比较典型的有 SELinux（Security-Enhanced Linux）和RSBAC（Rule Set Based Access Control），它们采用不同的策略来实现访问控制。

1.SELinux

SELinux 是一种安全体系结构，其中安全性策略的逻辑和通用接口封装在与操作系统独立的组件中，被称为安全服务器。SELinux 安全服务器定义了一种混合安全策略，包括类型实施（TE）、基于角色的访问控制（RBAC）和多级安全（MLS）。通过替换安全服务器，可以支持不同的安全策略。在SELinux中，对文件、进程和用户等主客体进行标记，并根据其标记强制性地控制它们的访问行为，从而实现了细粒度的访问控制。

2.RSBAC

RSBAC是根据访问控制通用架构（GFAC）模型开发的，它提供了灵活的访问控制，并基于多个模块实现。所有与安全相关的系统调用都扩展了安全实施代码。在RSBAC中，系统调用被扩展以调用中央决策部件，该部件随后调用所有被激活的决策模块，形成一个综合决策，然后由系统调用扩展来实施该决定。这种模块化的设计使得RSBAC能够适应不同的安全需求，并提供灵活性和可扩展性。

（六）Linux系统安全工具

网络上有各种各样的攻击工具，也有各种各样的安全工具。以下介绍的是Linux系统中的安全工具。与Linux本身类似，这些安全工具大多也是开放源代码的自由软件，恰当地使用它们，可提高系统的安全性。

1.tcpServer

tcpServer是一个inetd类型的服务程序，主要功能是监听进入连接的请求，并为要启动的服务设置各种环境变量，然后启动指定的服务。其在系统安全性方面的作用主要体现在限制同时连接一个服务的数量上。通过这种方式，可以有效地控制服务的访问量，防止过多的连接造成系统负担过重，从而提高系统的稳定性和可用性。

2.xinetd

xinetd是一个功能强大的服务管理器，支持TCP、UDP、RPC等多种服务，并提供了丰富的功能特性。其中包括基于时间段的访问控制、完备的日志功能、防止DoS攻击、限制同时运行的同类服务器数量、限制启动的服务数量等。这些特性使得xinetd成为了Linux系统中不可或缺的安全工具之一。通过配置xinetd，系统管理员可以灵活地控制服务的访问权限，避免恶意攻击和非法访问，从而保障系统的安全性。

3.sudo

sudo是一个权限管理工具，允许系统管理员给予特定的普通用户有限的超级用户特权。其核心原则是在普通用户可以完成工作的范围内，尽可能地给予少的特权。sudo具有的特性包括限制用户在每个主机上运行的命令、记录每个用户的操作命令和参数、提供标记日期的文件等。这些功能使得系统管理员能够更加精细地管理用户权限，防止误操作和恶意行为，提高系统的安全性和可控性。

4.nessus

nessus 是一款远程安全扫描器，其特点包括功能强大、更新快、易于使用等。通过 nessus，系统管理员可以对指定的网络进行全面的安全检查和弱点分析。它能够帮助确定网络中是否存在潜在的攻击入口或者误用方式，并寻找导致对手攻击的安全漏洞。由于 nessus 是自由软件，用户可以根据需要自行定制和扩展其功能，使其更加适应不同的安全检查需求。

5.sniffit

sniffit 是一款网络监听软件，可在 Linux 平台上运行。它主要用于监听运行 TCP/IP 协议的计算机，以发现其不安全性。虽然 sniffit 只能监听同一个网段上的计算机，但是通过配置插件，用户可以实现额外的功能。sniffit 还可以在后台运行，监测 TCP/IP 端口上用户的输入和输出信息，有助于系统管理员及时发现潜在的安全威胁和异常行为。

6.nmap

nmap 是一款开源的网络探测和安全扫描工具，主要用于快速扫描大型网络。它可以帮助系统管理员查找网络上的主机、服务和操作系统，并分析防火墙的过滤规则。nmap 的强大之处在于其快速而准确的扫描能力，即使在单机上也能很好地工作。通过 nmap，系统管理员可以全面了解网络的结构和状态，及时发现潜在的安全风险。

第二节　网络信息数据安全管理

"信息科学主要包括收集、选择、组织、处理、操作和传播等全生命周期环节，涉及的技术主要包括数据库技术、网络技术、多媒体技术和传统软件技术等。数据库关注的是存储介质、分库分表等。"[①] 数据库安全是为了保证信息传输的保密性，以免被网络黑客入侵，导致信息泄露或者是遗失。计算机数据库安全保护技术非常多，各技术的运用大大增强了计算机网络安全保护能力，使计算机网系统运行更加安全。

---

① 盛硕，车堃，张涛，等.微服务场景下数据库安全研究［J］.科技创新与应用，2023，13（35）：129.

一、数据库安全系统

数据系统的安全和网络运行环境，及自身系统安全系数有直接的关系，所以，可以将数据库的安全防范分为网络系统、数据库系统等几个层次。各个层次相互影响，相互作用，构成了一个统一的整体。

（一）网络系统层次

数据库安全系统是保障数据库运行稳定、数据完整性和保密性的重要组成部分。在网络系统层次，采用一系列安全技术是确保数据库安全的关键。网络系统作为数据库的外部保护屏障，其安全性直接影响到数据库的安全。因此，从网络安全入手，重视网络安全防护工作是至关重要的。

网络攻击是当前数据库安全面临的主要挑战之一。通过入侵网络系统来破坏数据库已成为一种普遍现象。这种攻击方式具有不受时间、地点、空间的限制，且往往存在于不易被发现的网络环境中，给数据库安全带来了巨大的挑战。针对这些挑战，采取一系列有效的网络安全技术至关重要。

首先，防火墙技术是保护网络系统免受未经授权访问的重要手段。通过设置防火墙，可以对网络流量进行监控和过滤，阻止潜在的恶意攻击，保护数据库的安全。

其次，入侵检测技术是及时发现和应对网络攻击的重要手段。通过监控网络流量和系统日志，及时发现异常行为并采取相应措施，可以最大程度地减少网络攻击对数据库的影响。

此外，协作式入侵监测技术也是保障数据库安全的重要手段。通过多个安全设备之间的协作，共同监测和分析网络流量，及时发现并应对网络威胁，提高数据库的安全性和可靠性。

（二）宿主操作系统层次

在确保数据库系统安全方面，宿主操作系统层次的安全技术至关重要。为了有效应对各种安全问题，必须根据实际情况制定相应的安全管理策略。由于每个数据库运行环境都存在差异，因此所采取的安全措施必须具有针对性。

操作系统安全措施主要应用于本地计算机的安全设置，其中包括密码管理、用户权限等方面。具体而言，可以重点关注以下三个方面内容：

首先，用户账户的管理至关重要。用户账户作为用户登录的凭证，只有合法用户才能注册账户。因此，建立健全的用户账户管理机制是保障系统安全的首要步骤。

这包括确保用户身份验证的严密性，采取多因素身份验证等技术手段，以防止非法用户的入侵。

其次，系统访问权限的控制是操作系统安全的核心内容之一。只有指定用户才能拥有访问权限，其他用户应被限制在其所需的最低权限范围内操作系统。这样可以最大程度地降低系统被未授权用户访问的风险，有效保护系统中的数据和资源不受损害。

最后，审计是操作系统安全管理的重要组成部分。通过及时跟踪和了解用户信息，系统管理员可以有效分析系统访问状况，并进行事后的跟踪调查。这种审计机制不仅有助于发现潜在的安全漏洞和异常行为，还可以为进一步加强系统安全提供重要参考。

（三）数据库管理系统层次

数据库管理系统的层次结构是确保数据安全性和完整性的关键。当前，大多数数据库管理系统采用关系型管理形式，但这种形式存在一定的风险，因为在协调处理关系的过程中可能会给外界入侵者带来机会。一旦数据库受到威胁，入侵者可能利用相关工具非法盗取数据信息或篡改数据，从而威胁到数据库的安全。因此，为了使系统安全管理更加科学有效，必须结合数据库的实际情况进行层层加密。

首先，可以从操作系统（OS）层加密入手。在OS层无法对数据进行分析和辨识，因此无法生成有效的密钥，从而影响了数据安全管理。尽管在小型数据库上实现了OS层加密，但对于大型数据库来说，OS层加密技术仍然存在较大的难度。

其次，需要对数据库管理系统（DBMS）的内核层和外层进行加密。内核层加密是在数据库物理存储之前对DBMS内核层进行加密，其加密过程功能性强大，并且不会影响DBMS的功能。这种加密方式还能够实现与整体数据的有效融合，从而使数据库系统更加安全。然而，在内核层加密的同时，系统的负载将不断增加，还需要开发专门的端口或服务器，需要大量的资金和技术投入。相比之下，外层加密要简单得多，只需要技术人员进行外层加密工作即可实现加密效果，成本投入较小。

随着网络信息技术的普及与运用，数据库安全问题受到了人们的普遍关注。为了提高网络数据库的安全稳定性，必须使用各种数据库安全技术，充分利用网络资源优势，解决网络中遇到的问题。这是广大从业者必须思考和解决的问题，需要不断研究探索，以满足新时代网络发展的需求。

二、数据库安全技术的优化

（一）严格的身份认证

在当前的计算机网络环境中，数据库安全技术的优化至关重要，其中严格的身份认证是确保数据库安全性的重要一环。随着计算机网络数据库多用户开发的普及，多个用户同时访问数据库的情况十分常见，这给数据库的安全性带来了挑战。为了应对这一挑战，必须加强对用户身份的认证，以确保只有经过授权的用户才能访问和操作数据库，从而提高数据库的稳定性和安全性。

严格进行用户身份认证的过程涉及多个环节，包括登录网络系统、连接计算机网络数据库以及选择数据对象。在登录网络系统时，必须验证用户提供的用户名和密码的正确性，这是最基本的身份验证方式。连接计算机网络数据库时，则需要通过管理系统对用户身份进行进一步验证，以确保用户具有访问数据库的权限。而在选择数据对象时，根据用户的权限设置不同的数据对象权限，以保障数据的安全性和完整性。通过这一系列步骤，可以实现对用户身份信息的有效保护，从而提高计算机网络数据库的安全性和可靠性。

严格的身份认证不仅能够满足不同用户同时登录系统的要求，还可以有效地防止非法访问问题的发生。统一认证用户身份可以建立一个健全的安全机制，确保只有授权用户才能够访问和操作数据库，从而降低数据库受到攻击或不当访问的风险。通过这种方式，可以提高计算机网络数据库的稳定性和安全性，为用户提供一个更加可靠的数据管理环境。

（二）及时开展加密工作

在保障计算机网络数据库安全和稳定性方面，及时进行加密工作是至关重要的措施。计算机网络数据库加密是指通过强化加密程序，确保数据库中的所有数据都得到安全可靠的保护，其中包括应用特定算法对数据信息进行加密处理，以提供用户可进行加密操作的数据。在这一过程中，必须确保用户能够掌握相应的解密方法，以便获取原始信息，并且获取更全面、更准确的数据。

为了顺利实施计算机网络数据库的加密工作，需要对加密系统进行优化，并采用科学手段对加密和解密环节进行改进。这意味着要实现对数据的规范化转换，确保加密后的数据在解密后能够被准确读取和理解。此外，加密后的数据信息只能被授权用户获取，非授权用户无法获得，这样可以有效地保障数据库的安全性。

通过加密工作，可以防止未经授权的访问者获取敏感数据，从而保护数据库的隐私和安全。此外，加密还可以在数据传输过程中起到防止数据被窃取或篡改的作用，提高数据传输的安全性。因此，加密工作是确保计算机网络数据库安全的重要手段之一，必须及时开展和不断优化，以适应不断演变的安全威胁和技术挑战。

（三）强化审计追踪

在计算机网络数据库的运行过程中，强化审计追踪是一项至关重要的措施，它能够对用户的操作行为进行自动跟踪，并准确记录用户操作内容，从而建立审计追踪日志。这一模块的存在在网络安全控制工作中发挥着关键的作用，特别是在面对数据信息安全问题时。通过审计追踪日志，可以对计算机网络数据库的安全状况进行分析和评估，以追溯非法数据的来源，有助于发现潜在的安全风险并及时采取措施加以解决。

审计追踪不仅有助于发现并追踪非法访问或操作数据库的行为，还能够发现数据库中的潜在漏洞。通过审计追踪日志记录的用户操作信息，可以帮助安全团队更好地了解数据库的运行状态，及时发现异常行为，并采取必要的防范措施。此外，联合应用攻击检测技术和审计追踪技术，可以进一步提高对数据库安全的监控和保护水平，确保数据库的安全稳定运行。

强化审计追踪对于优化计算机网络数据库的安全技术具有重要意义。通过不断加强审计追踪，可以提高对数据库操作行为的监控能力，减少安全事件的发生，并及时应对已经发生的安全威胁。这不仅有助于保障用户数据的安全性和隐私，也为计算机网络的良性发展提供了可靠的保障。

三、数据库的备份与恢复管理

数据库系统采取了一系列的保护措施来防止数据库安全和完整性被破坏，以及保证并发事务的正确执行。然而，尽管如此，数据库中的数据仍然无法完全保证不会受到破坏。诸如硬盘存储器中的磁头碰撞等硬件故障、软件错误、操作员失误以及恶意破坏等因素都可能导致事务的非正常中断，进而破坏数据库并造成全部或部分数据的丢失。因此，数据库系统必须具备检测故障并将数据从错误状态中恢复到某一正确状态的功能，即数据库的恢复机制。

任何一个系统都难免可能发生故障，因此备份和故障恢复是数据库系统可靠性和实用性的基本保证。备份是指将数据库或部分数据库的拷贝存储在某种介质上，如磁带、磁盘等。而恢复则是指在发生故障时及时将数据库恢复到原来的状态，确保数据的完整性和可用性。

备份与故障恢复对数据库安全性至关重要。通过定期备份数据库，可以确保即使在发生故障或数据损坏的情况下，仍然能够及时恢复数据并保持系统正常运行。此外，备份还可以用于应对意外删除、数据损坏或其他不可预见的情况，为数据库提供了重要的保障。

在数据库系统中，故障恢复是一项复杂而关键的任务。它涉及到识别和修复数据库中的错误，以及将数据库恢复到一致和可用的状态。数据库系统通常采用日志文件和检查点等机制来记录数据库操作和状态，以便在发生故障时进行故障恢复操作。

（一）数据库的备份

1. 数据库备份的类型

数据库的备份大致有三种类型：冷备份、热备份和逻辑备份。

（1）冷备份。数据库备份是确保数据安全和可恢复性的重要手段之一，而根据备份操作的方式和环境不同，备份可以分为不同的类别。其中，冷备份是备份的一种主要类型，其思想是在关闭数据库且没有最终用户访问时对其进行备份。冷备份通常在系统无人使用的时候进行。其最佳实践是通过建立一个批处理文件，在指定的时间先关闭数据库，然后对数据库文件进行备份，最后再启动数据库。这种方法在保持数据的完整性方面是最好的，因为在数据库处于关闭状态时，不存在正在进行的事务或数据变更，从而确保备份的数据是一致且完整的。冷备份也存在一些限制。首先，如果数据库太大，在备份时间窗口内无法完成备份，这会导致备份操作的不可行性。其次，冷备份意味着数据库在备份期间不可用，这可能会对业务造成影响，特别是对于需要24/7运行的系统来说，这种中断可能是不可接受的。考虑到冷备份的局限性，有时需要结合其他备份方法来确保数据的安全性和可恢复性。例如，可以采用增量备份或差异备份等方法，来减少备份时间和对数据库的中断，同时保证数据的完整性和一致性。

（2）热备份。热备份是在数据库正在运行时进行的备份操作，其依赖于系统的日志文件。在进行热备份时，数据库的日志文件会记录需要更新或更改的指令，但实际上并不会将任何数据写入数据库记录。这些被更新的业务指令会被"堆积"在日志文件中，而数据库本身并没有实际被修改，因此可以完整地备份数据库。热备份方法也存在着一些致命的缺点，使得其具有较大的风险性。如果在进行备份时系统发生崩溃，那么堆积在日志文件中的所有业务指令都会丢失，导致数据的丢失。进行热备份时，数据库管理员（DBA）需要仔细监视系统资源，以确保日志文件不会占用完存储空间，从而导致系统无法继续接受业务请求。尽管热备份方法存在一定的风险和复杂度，但它也具有一些优点。首先，由于备份操作是在数据库运行期间进行的，因此可以最大程度地减少对业务的中断时间。其次，热备份通常比冷备份速度更快，因为不需要关闭数据库。此外，热备份还可以实现较短的恢复时间，因为备份数据是实时生成的，可以更快地恢复到最新状态。

（3）逻辑备份。逻辑备份是一种数据库备份方法，通过软件技术从数据库中提取数据并将其写入一个输出文件。与物理备份不同，逻辑备份生成的输出文件不是一个数据库表，而是数据库中所有数据的一个映像。在大多数客户/服务器结构模式的数据库中，通常使用结构化查询语言（SQL）来执行逻辑备份操作。尽管逻辑备份过程相对较慢，不太适合对大型数据库进行全盘备份，但它非常适合进行增量备份，即备份那些自上次备份以来发生了变化的数据。逻辑备份的主要优点之一是其灵活性和可读性。由于备份数据以文本形式存储在输出文件中，因此可以轻松地对备份数据进行查看、编辑和处理。这种备份方法还可以跨不同的数据库系统进行迁移和导入，因为备份数据不受特定数据库系统的限制。

2. 数据库备份的性能

数据库备份的性能是评估备份效率和效果的关键指标，通常可以通过两个参数来衡量：备份到备份介质（如磁盘、磁带等）上的数据量以及完成备份所需的时间。然而，数据量和时间之间存在着一种难以解决的矛盾，因为通常情况下，提高备份性能往往需要权衡这两个参数。

为了提高数据库备份的性能，可以采取如下五种常见的方法：

（1）升级数据库管理系统。通过升级数据库管理系统，可以获得更优化的备份功能和性能。新版本的数据库管理系统通常会针对备份操作进行优化，从而提高备份效率和速度。

（2）使用更快的备份设备。选择更快速、更高效的备份设备可以显著提高备份性能。例如，使用高速磁盘阵列或高速磁带设备可以加快备份速度。

（3）备份到磁盘上。将备份数据存储到磁盘上可以提高备份速度和效率。磁盘备份可以是在同一系统上进行，也可以是备份到网络中的另一个系统上。尤其是如果能够指定一个具有足够容量和性能的磁盘作为备份目标，效果会更好。

（4）使用本地备份设备。在备份过程中使用本地备份设备，例如连接到主机的磁带驱动器，可以提高备份性能。在使用本地备份设备时，应确保备份设备的 SCSI 接口适配卡能够承担高速扩展数据传输，并将备份设备连接到独立的 SCSI 接口上，以避免性能瓶颈。

（5）使用原始磁盘分区备份。直接从磁盘分区读取和写入数据，而不是通过文件系统 API 调用，可以加快备份速度。这种方法可以绕过文件系统的一些处理过程，直接对数据进行操作，从而提高备份的执行效率。

（二）数据库的恢复

1. 数据库恢复技术的类型

恢复技术大致可以分为三种：单纯以备份为基础的恢复技术、以备份和运行日志为基础的恢复技术和基于多备份的恢复技术。

（1）单纯以备份为基础的恢复技术。单纯以备份为基础的恢复技术是从文件系统恢复技术演变而来的。它的基本原理是周期性地将数据库从磁盘复制或转储到磁带上进行备份。由于磁带通常是脱机存放的，因此备份数据不受系统影响。当数据库发生故障时，可以使用最近一次备份的数据来恢复数据库，即将备份磁带中的数据复制回磁盘原数据库位置。然而，这种方法的局限性在于，数据库只能恢复到最近备份时的状态，故障发生后备份周期内的所有更新数据都将丢失。因此，备份周期越长，丢失的更新数据也就越多。尽管单纯以备份为基础的恢复技术简单易行，但其恢复粒度较粗，且容易造成数据丢失。因此，在实际应用中，一般会结合其他恢复技术，以提高数据的可靠性和恢复精度。

（2）以备份与运行日志为基础的恢复技术。以备份与运行日志为基础的恢复技术是一种高级的数据库恢复技术，其核心是利用系统运行日志记录数据库运行情况，并结合备份数据进行恢复操作。系统运行日志通常包括前像、后像和事务状态三个重要内容。

前像是指数据库在事务更新之前的物理块状态的影像，它记录了事务执行前的数据库状态。在恢复过程中，前像的作用是帮助数据库回滚到更新前的状态，即撤销事务的影响。而后像则是指数据库在事务更新之后的物理块状态的影像，其作用是帮助数据库重做事务的更新，使数据库恢复到更新后的状态。事务状态记录了每个事务的执行状态，以便在恢复时对不同的事务进行适当处理，包括提交后结束和失效两种可能的结果，分别对应着数据库的更新被其他事务访问和需要卷回处理。

基于备份与运行日志为基础的恢复技术在数据库失效时，可以取出最近备份，然后根据日志的记录进行恢复操作。对于未提交的事务，采用前像卷回的方式进行恢复，即向后恢复；对于已提交的事务，如果必要，则使用后像重做，即向前恢复。这种恢复技术的优点是可以将数据库恢复到最近的一致状态，确保数据的完整性和一致性。大多数数据库管理系统都支持这种恢复技术。

（3）基于多备份的恢复技术。基于多备份的恢复技术是一种高级的数据库恢复方法，其核心思想是利用多个独立备份之间的互补关系来实现数据的恢复。这种技术的前提是每个备份都必须具有独立的失效模式，即各备份不会因同一故障而同时失效。

独立失效模式是指备份之间的失效模式不会相互影响，这意味着即使其中一个备份失效，其他备份仍然可用于恢复数据。为了确保备份之间的失效模式独立，需要将它们的支持环境尽可能地独立，包括不共享电源、磁盘、控制器和 CPU 等关键组件。在一些对可靠性要求较高的系统中，可以采用磁盘镜像技术，即将数据库以双备份的形式存储在两个独立的磁盘系统中。这两个磁盘系统具有各自的控制器和CPU，并且可以相互切换。在读取数据时，可以从任一磁盘中读取；在写入数据时，两个磁盘都会被写入相同的内容。这样，当一个磁盘中的数据丢失时，可以通过另一个磁盘的数据来进行恢复操作。

基于多备份的恢复技术在分布式数据库系统中得到了广泛应用。在这种系统中，数据通常存储在多个不同的节点上，并且在每个节点上都会设置备份。由于这些备份所处的节点不同，它们的失效模式也相对独立。这种方法旨在提高系统的可靠性和可用性，以应对节点故障或其他异常情况。

2. 数据库恢复的基本方法

数据库的恢复大致有如下两种方法：

（1）周期性整体转储。周期性整体转储方法是通过周期性地对整个数据库进行转储，将其复制到备份介质（如磁带）中，以备份恢复之用。转储过程可以分为静态转储和动态转储两种方式。静态转储要求在转储期间禁止对数据库进行任何存取或修改活动，而动态转储则允许在转储期间对数据库进行存取或修改。静态转储的优点是转储过程中数据库状态保持稳定，但缺点是需要暂停数据库的正常运行；而动态转储则允许数据库在转储过程中继续提供服务，但可能会导致转储数据的不一致性。无论是哪种转储方式，都可以作为数据库恢复的一种手段，通过重新装载备份副本将数据库恢复到转储结束时刻的正确状态。

（2）使用运行日志记录，对数据库的每次修改都记录修改前后的值，并将这些记录写入运行日志中。运行日志是用来记录数据库每一次更新活动的文件。在这种方法中，需要结合后备副本和日志文件来有效地恢复数据库。当数据库损坏时，可以先重新加载后备副本将数据库恢复到转储结束时的正确状态，然后利用日志文件对已完成的事务进行重新处理，对尚未完成的事务进行撤销处理。通过这种方式，可以将数据库恢复到故障前某一时刻的正确状态，而无需重新运行已完成的事务程序。

第三节　网络信息物理安全管理

一、物理安全的威胁与内容

物理安全又叫实体安全，是保护计算机设备、设施（网络及通信线路）免遭地震、水灾、火灾、有害气体和其他环境事故（如电磁污染等）破坏的措施和过程。实体安全技术主要是指对计算机及网络系统的环境、场地、设备和通信线路等采取的安全技术措施。

物理安全技术实施的目的是保护计算机及通信线路免遭水、火、有害气体和其他不利因素（人为失误、犯罪行为）的损坏。

影响计算机网络实体安全的主要因素有计算机及其网络系统自身存在的脆弱性因素、各种自然灾害导致的安全问题、由于人为的错误操作及各种计算机犯罪导致的安全问题。物理安全应该建立在一个具有层次的防御模型上，即多个物理安全控制器应在一个层次结构中同时起作用。如果某一层被打破了，那么其他层还可以保证物理设备的安全。层次保护次序应该从外到内实现。例如，最外边有一道栅栏，然后是墙、钥匙卡、门卫、入侵检测和配锁机箱的计算机。这一系列层次会保护放在最里边的资产的安全。

与计算机和信息安全相比，物理安全要考虑一套不同的系统的脆弱性方面的问题。这些脆弱性与物理上的破坏、入侵者、环境因素，或是员工错误地运用了他们的特权并对数据或系统造成了意外的破坏等方面有关。当安全专家谈到"计算机"安全的时候，说的是一个人如何能够通过一个端口或者是调制解调器以一种未经授权的方式进入一个计算机网络环境。当谈到"物理"安全的时候，他们考虑的是一个人如何能够物理上进入一个计算机网络环境以及环境因素是如何影响系统的。换个方式说，就是什么类型的入侵检测系统对特定的物理设备最为有利。

（一）物理安全的威胁

物理安全所面临的主要威胁有盗窃、服务中断、物理损坏、对系统完整性的损害，以及未经授权的信息泄露等方面。

物理上的偷盗通常造成计算机或者其他设备的失窃替换这些被盗设备的费用再加上恢复损失的数据的费用，就决定了失窃所带来的真实损失。在许多时候，企业只会准备一份硬件的清单，它们的价值被加入风险分析中去，以决定如果这个设备被偷盗或是损坏，将带来的巨大的损失。然而，这些设备中保留的信息可能比设备本身更有价值，因此，为了得到一个更加实际和公正的评估，合适的恢复机制和步骤也需要被包括到风险分析当中去。

服务中断包括计算机服务的中断、电力和水源供应的中断，以及无线电通信的中断。这些情况都必须被考虑到，并且必须提供相应的应急措施。在电力资源和供应都十分紧张的时候，许多公司都经历过电力的管制，这对它们来说无疑是一场梦魇。这些因素带来了在业务活动持续性和灾难恢复计划方面的一系列问题，同时也带来了物理安全方面所考虑的问题。设想一个计算机网络失去了电力的供应，那么它们的电子安全系统和计算机控制的入侵检测系统都将不起作用。这使得一个入侵者能够轻松地进入。因此，一个备用的发电机或者是一套备用的安全机制都应该被考虑到，而且应该为之准备适当的经费。

根据对通信服务的依赖程度及可能需要备份的措施来保证冗余性，或者是在适当的时候激活备用的通信电路。如果一家公司为一个大的软件制造商提供呼叫中心，那么如果它们的电话通信会突然地中断一段时间，软件制造商的收益就会受到影响。股票经纪人需要通过内部网络、因特网和电话线与许多其他机构保持联系，如果一个股票经纪人公司丧失了通信能力，它们和它们的客户的利益都会受到严重影响。其他的公司可能对通信没有这样大的依赖性，但是我们仍然需要评估它的风险，做出明智的决定，并且需要有替换的装置。

计算机服务的中断主要是备份和冗余磁盘阵列保护机制。物理安全更加注重于为计算机网络本身及它们所在环境提供安全保护。物理损害带来的损失的大小取决于维修或更换设备、恢复数据的费用以及造成的服务中断所带来的损失。

物理安全对策同样也对未经授权的信息泄露及系统可用性和完整性提供保护。未经授权的个人有许多方法可以得到信息。网络通信的内容能够被监视，电子信号能够从空间的无线电波中析取出来，计算机硬件和媒质可能被偷盗和修改。在以上所说的这些类型的安全隐患和风险中，物理安全都扮演着重要的角色。

（二）物理安全的内容

物理安全在网络和信息安全领域中扮演着至关重要的角色。它涵盖了多个方面，包括环境安全、电源系统安全、设备安全和通信线路安全等。以下将对物理安全的各个基本内容进行详细讨论：

第一，网络机房的场地、环境及各种因素对计算机设备的影响。网络机房的选址和环境因素对计算机设备的性能和可靠性有着直接影响。合适的场地应当远离潜在的危险源，如高温、高湿度、尘埃和震动等。同时，必须确保足够的通风和空调系统，以维持设备运行所需的适宜环境条件。

第二，网络机房的安全技术要求。网络机房应当配备先进的安全技术设施，包括但不限于视频监控系统、入侵检测系统、门禁系统等，以保障机房内设备和数据的安全。

第三，计算机的实体访问控制。为了防止未经授权的人员进入网络机房，应当实施严格的访问控制措施，如安装电子门禁系统、制定访问权限管理制度等。

第四，网络设备及场地的防火与防水。防火和防水措施是网络机房安全的重要组成部分。应当采取有效措施预防火灾和水灾，并配备相应的灭火设备和泄水系统，以应对突发情况。

第五，网络设备的静电防护。静电可能对计算机设备造成损害，因此应当采取适当的静电防护措施，如使用防静电地毯、穿戴防静电服装等。

第六，计算机设备及软件、数据和线路的防盗防破坏措施：为了防止计算机设备、软件、数据和线路遭受盗窃或破坏，应当采取必要的安全措施，如安装监控摄像头、加密重要数据、定期备份数据等。

第七，重要信息的磁介质的处理、存储和处理手续的有关问题。对于重要信息的磁介质，必须建立严格的处理、存储和处理手续，以防止信息泄露或被篡改。应当确保存储介质的安全性，并严格控制信息的访问权限。

二、环境安全管理

保护环境的范围涵盖人员、设备、数据、通信设施、电力供应设施和电缆。保护级别的确定依赖于这些设备中的数据、计算机设备和网络设备的价值。通过关键路径分析可以确定这些价值。该分析将基础设施中的每个项目以及维持其正常运行所需的要素列出，并勾勒出数据在网络中传输的路径。这些路径可能涉及远程用户到服务器、服务器到工作站、工作站到大型机等等。了解这些路径以及潜在的中断威胁至关重要。

关键路径分析需要列举环境中的所有元素及其相互作用和依赖关系。可以用图表表示设备、位置以及与整个设施的关联，其中应包括电力、数据、供水和下水道管线。为了提供全面的描述和易于理解，有时还应该包括空调器、发电机和暴雨排水沟在关键路径图中。

关键路径被定义为对业务功能至关重要的路径，必须详细显示出来，包括其中所有的支持机制。冗余路径也应显示出来，并确保每条关键路径至少有一条对应的冗余路径。

过去，计算机房通常需要专人进行操作和维护。如今，计算机房中的服务器、路由器、桥接器、主机等设备都可以远程控制，这样计算机就可以放置在不被打扰的地方。因此，在设计计算机房时，应更多考虑设备的运行情况而不是人员的工作需求。

（一）网络机房安全管理

机房应位于建筑核心区域，靠近配线中心。确保只有一个入口通道，并确保无法直接进入其他非安全区域。公共区域如楼梯、走廊和休息室不应通往安全区域，以确保进入安全区域与进入休息室或其他非安全区域有明显区别。

网络机房需估算墙壁、地板、天花板的负载以确保建筑不会倒塌。这些结构必须使用适当材料，以提供必要的防火级别和水防护。根据窗户布置和内外内容，窗户可能需要紫外线防护、防碎或半透明/不透明。门可能需要单向开关、防强行入侵、紧急出口（并标记），以及监视和附加报警装置，地板通常加高隐藏电线和管道，但必须接地。

建筑规范在设计和建造网络机房时起着至关重要的作用，可以调整各种因素以满足安全和经济性要求。然而，在选择材料和设计方案时仍存在一定的灵活性。正确的选择应能充分满足公司的安全需求，并在经济上具有合理性。

从物理安全的角度来看，以下因素在设计和建造网络机房时尤为重要：

第一，墙壁。应选用阻燃材料（如木材、钢材、混凝土），具有较高的防火级别，特别是在特殊安全区域需要加强墙壁结构。

第二，门。门应采用阻燃材料（如木材、压制板材、铝制），具有较高的防火级别和抵抗强行进入的能力。同时，应配备紧急标志，并在停电时自动恢复为无效状态。根据需要，玻璃门宜选用防碎或防弹类型。

第三，天花板。选用阻燃材料（如木材、钢材、混凝土），具有较高的防火级别和承重能力。需要考虑到天花板突然脱落的意外情况。

第四，窗户。窗户透明度宜选择半透明或不透明，应具备防碎功能，并配备报警装置。需要注意窗户的可接近性，以确保入侵者无法通过打碎玻璃进入建筑。

第五，地板。地板应具有较高的承重能力，选用阻燃材料（如木材、钢材、混凝土），具备较高的防火级别，并需要表面和材料具有绝缘性。

第六，火灾检测和排除系统。应考虑传感器和探测器的布置位置，选择适当的喷水装置类型和放置位置，确保灭火系统的有效性。

（二）火灾的扑救

网络机房安全是现代信息技术系统中至关重要的一环，其中火灾的预防与扑救是至关重要的方面。在这方面，国家和地方有一系列标准需要遵守，以确保网络机房的安全性。首先，针对火灾的预防，必须进行员工培训，使其了解如何在火灾发生时做出适当的反应。此外，提供正确的灭火器材，并保证其能正常工作，确保附近有易获取的水源，并妥善存放易燃易爆物品也是必不可少的措施。

火灾探测系统具有多种形式，如手动推拉报警装置和自动探测装置。自动系统能够通过传感器探测到火灾并作出相应反应，其中自动喷淋系统是一种广泛使用的方法，有效保护建筑物及其内部设施。在选择适当的灭火系统时，需要综合考虑多个因素，包括火灾可能发生的频率、可能造成的损害以及系统类型本身的评估。

火灾防护的措施包括早期烟雾探测和关闭系统直到热源消失。必要时，应设置关闭整个系统的装置，并提供警报声音和重置按钮，以便在火灾得到控制后停止自动关闭系统的操作。火灾防范应贯彻预防为主、防消结合的方针，平时加强防范，消除火灾隐患，一旦发生火灾，应冷静应对，积极扑救，并在灾后做好恢复工作，以尽量减少损失。综上所述，网络机房的火灾预防与扑救措施是确保信息技术系统安全的重要组成部分，应得到充分重视和实施。

在面对火灾时，正确的扑救方法至关重要，能够有效地减少损失并保护人员安全。以下是针对火灾扑救的详细方法：

第一，立即切断电源并报警。发现火灾时，首要任务是立即切断电源以防止火势蔓延，并立即向相关部门报警。及时的警报能够促使紧急救援行动，降低火灾造成的损失。

第二，选择合适的灭火器材。针对不同类型的火灾，需要使用不同的灭火器材。对于电气火灾，应当使用手提式干粉进行扑灭，严禁使用水或泡沫灭火器，以免造成更大的危害和损失。

第三，抢救设备器材并保护数据文件介质。在扑灭火灾的同时，应当优先抢救重要的设备器材和文件资料，特别是秘密数据文件介质，确保其安全性和完整性。

第四，保护现场并接受调查。火灾扑灭后，应当及时采取措施保护好现场，防止二次事故发生，并配合相关部门进行事故调查。在调查过程中，要如实提供火灾失事的情况，以便进一步分析事故原因和采取相应的防范措施。

（三）水患的防范

为了有效防范水患并确保机房的通风系统运作良好，需要采取一系列措施。应避免将机房设在楼房的顶层或底层，以防止漏雨或暖气漏水导致设备受潮。一般而言，选择 2 至 3 层作为机房位置更为适宜，考虑到接地和光缆出线的便利性。在雨季来临之前，需要对机房门窗进行防雨检查，确保其密封性。

在通风方面，必须安装环路空气再循环调节系统，其中"环路"意味着建筑内的空气在适当过滤后被重新利用，而不是引入外界空气。为了控制污染物，需要采取正向加压和通风措施。正向加压指的是当员工打开房间门时，室内空气向外流动，而外部空气无法进入。这种设计有助于防止火灾扩散时烟气进入机房，提高了人员疏散的安全性。

为了有效应对污染物对设备的损害，需要了解其进入环境的途径、可能造成的损害以及相应的应对措施。必须跟踪监测通过空气传播的物质和颗粒物的浓度，以防止其超过安全水平。例如，灰尘可能阻塞用于设备冷却的电扇，从而影响设备正常运行。某些气体的浓度超过一定水平可能会加速设备腐蚀或引起运行问题，甚至导致某些电子器件停止运行。尽管大多数磁盘驱动器都是密封的，但其他存储介质仍可能受到空气中污染物的影响。因此，空气清洁设备和通风装置可以用来处理这些问题，确保机房环境的清洁和安全。

三、供电系统安全管理

（一）供电系统的静电防护

1. 静电的影响

机房静电的影响是计算机系统运行中一项严重而频繁的问题。静电的存在可能导致各种不良后果，从计算机硬件到操作人员的身心健康都可能受到影响。

（1）静电可能导致计算机硬件的损坏和故障。静电不仅可以引起计算机元器件如 CMOS 电路、MOS 电路等的击穿和毁坏，还会使得计算机运行出现随机故障。特别是在半导体器件日益密集、高速化的今天，静电对这些器件的影响越发敏感，静电放电可能使 MOS 电路击穿，从而导致计算机误动作或运算错误。尽管大多数 MOS 电路具有端接保护电路以提高抗静电能力，但在维修和更换时仍需格外注意，以免过高的静电电压导致器件损坏。

（2）静电还会影响操作人员和维护人员的正常工作和身心健康。静电通过人体对计算机或其他设备放电时，可能导致不仅计算机系统的维护人员感受到触电的感觉，甚至给予精神刺激，影响其工作效率。此外，静电引起的故障不仅使得硬件人员难以查出，有时还会让软件人员误认为是软件故障，从而造成工作混乱，增加故障排查和修复的难度。

（3）静电对计算机的外部设备也有明显的影响。例如，带阴极射线管的显示设备可能在受到静电干扰时出现图像紊乱、模糊不清的情况。而 Modem、网卡、Fax 等外设也可能因静电而工作失常，打印机可能出现走纸不顺等故障。这些问题不仅影响了计算机系统的正常运行，还增加了维护和维修的工作量，降低了工作效率。

因此，要防止静电对计算机系统的危害，不仅需要在计算机设计中考虑静电的影响，还需要从机房的结构和环境条件入手，采取有效的防静电措施，如使用静电消除设备、加强地线连接等，以保障计算机系统的稳定运行和操作人员的安全健康。

2. 静电的防护

在计算机房环境中，采取有效的静电防护措施至关重要，以确保计算机系统的稳定运行和工作人员的安全。

（1）铺设防静电地板是至关重要的一步。在建设和管理计算机房时，需要对静电对计算机系统的影响进行详细的分析，并针对静电产生的根源制定相应的措施。

其中，铺设防静电地板是一个主要且有效的措施。这种地板可以有效地导电，将静电从人体或设备排放到地面，从而减少静电的积聚和影响。

（2）注意工作人员的着装。机房工作人员的衣服、鞋袜等不应该采用易产生静电的材料制成，如化纤或塑料等。如果穿着易产生静电的衣物，应当在进入机房之前脱下，并在隔离区之外放置。特别要注意的是，有时会有领导或来宾参观机房，应当提前提醒他们穿着合适的衣物，或者让他们通过隔离区外的大玻璃窗观看，以减少静电的影响。

（3）对于拆装和检修机器的工作人员，应当戴上防静电手环。这种手环通过柔软的导线与良好接地相连，可以有效地将静电导入地面，减少对计算机系统的影响。此外，应当限制无关人员进入现场，以减少静电危害的发生。

（二）供电系统的电源保护

机房的电源保护是确保计算机系统稳定运行的重要环节，采取适当的措施可以有效预防电源可能出现的问题。主要的保护方法包括不间断电源（UPS）、电力线调节器和备用电源。

首先，UPS是电源保护的关键设备之一。UPS通过使用电池来供电，其大小和容量各不相同。根据工作方式的不同，UPS分为在线和离线两种类型。在线UPS系统在正常情况下使用交流电压为电池组充电，并通过逆变器将电池的直流输出转变为计算机所需的交流电，并对电压进行调节。而离线UPS则在电源中断时自动切换为电池供电。这种系统通过传感器检测断电，并实现自动切换，确保负载持续供电。

其次，备用电源在电力供应中断时间超过UPS电源的持续时间时起到关键作用。备用电源可以是来自另一个变电站或发电机的电力线，用于为系统供电或为UPS的电池系统充电。对于关键系统，需要明确备用电源所能提供的持续时间和每个设备所需的电量，以确保系统能够维持正常运行。一些UPS系统提供的电量可能只够系统完成后续工作并正常关闭，而另一些则能够支持系统长时间运行。

在选择备用电源时，需要注意将关键系统挑选出来，并确定系统需要持续运行的时间和提供的服务。有些情况下，UPS系统的电量可能仅够系统适当关闭，而在其他情况下，系统可能需要继续运行以提供必要的服务。因此，必须明确在停电时UPS系统的运行模式。

最后，定期检查备用电源的运行状态至关重要。仅仅购买发电机并将其放置在柜子里是不够的，必须确保备用电源能够正常运行并满足预期要求。定期检查可以预防出现在停电时发电机无法启动或者忘记购买发电机所需的燃料等情况，从而确保机房系统的连续供电和稳定运行。

（三）供电系统的雷击防范

1.雷击防范的原则

从保护机房免受雷击的角度来看，必须采取多层次的防护措施，以确保设备的安全运行。根据电磁兼容的原则，将防护分为外部和内部两个层次。

在外部防护方面，将机房划分为多个保护区，最外层为0级，是直接雷击区域，也是危险性最高的区域。为了保护机房免受直接雷击的危害，应该建立有效的外部防雷系统，如避雷针等，将雷电流引入地下，使其安全泄散。随着保护区逐渐向内延伸，危险程度逐渐降低，但仍需考虑有效的屏蔽层，如钢筋混凝土和金属管道，以将过电压降至设备可承受的水平。

在内部防护方面，则需要阻止沿电源线或数据、信号线引入的过电压波，以及限制被保护设备上浪涌过压幅值。为此，需要实施过电压保护措施，包括但不限于过电压保护器的使用，以确保设备在雷电或过电压事件发生时不受损坏。

此外，为了彻底消除雷电引起的电位差，需要实行等电位联接。这意味着通过过压保护器等将各个金属部件、系统以及保护区之间的电位进行联接，以确保它们之间的电位相等，为雷电提供低阻抗通道，使其迅速泄流入地，从而保护设备免受雷击的危害。

随着计算机通信设备的大规模使用，也需要考虑更为复杂的防护体系。除了传统的防雷措施外，还需要考虑防直击雷、防感应雷电波侵入、防雷电电磁感应、防地电位反击以及操作瞬间过电压等多方面的综合防护措施，以确保机房设备的安全运行，满足电脑通信网络安全的要求。

2.雷击防范的措施

机房的雷击防范至关重要，其保护措施需根据电气、微电子设备的特性以及可能受到的雷电和操作瞬间过电压的危害通道进行分类保护，并实施多级层保护。

（1）外部无源保护。针对外部环境的雷电威胁，应采取无源保护措施。在0级保护区，应设置避雷针（包括网、线、带）和接地装置（接地线、地网）。避雷针通过引导雷电向地下放电，接地装置将雷电流引入地下，从而保护建筑物免受直接雷击。现代化发展要求选择提前放电主动式防雷装置，并在不同角度布置，增大保护范围和导通量。同时，建筑物所有外露金属构件应与防雷网良好连接，形成完整的外部保护系统。

（2）电源部分防护。针对雷电通过电源线路侵入的威胁，应对电源部分进行保护。低压线路需按国家规范设置三级保护：一级保护为在高压变压器后端至楼宇总配电盘间的电缆内芯线两端加装避雷器；二级保护为在楼宇总配电盘至楼层配电箱间的电缆内芯线两端加装避雷器；三级保护为在重要设备和 UPS 前端加装避雷器。这些避雷器采用分流技术，将雷电过电压能量分流泄入大地，确保设备安全运行。

（3）信号部分保护。对于信息系统，应分为粗保护和精细保护。在电缆内芯线端应加装避雷器，对空线进行接地和屏蔽接地，考虑设备敏感度，确保系统正常运行。特别关注卫星接收系统、电话系统、网络专线系统和监控系统等的保护。

（4）接地处理。建设机房时必须确保良好的接地系统，以将雷电流泄入大地，保护设备和人身安全。接地系统包括建筑物地网、电源地、逻辑地和防雷地等，各系统之间应独立但必要时联接，以防止地电位反击事故。定期检测地阻值，并使用地电位均衡器实现等电位联接，确保系统正常运行。

四、网络硬件系统的故障冗余

如果在网络系统中有一些后援设备或后备技术等措施，在系统中某个环节出现故障时，这些后援设备或后备技术能够承担任务，使系统能够正常运行下去，这些能提高系统可靠性、确保系统正常工作的后援设备或后备技术就是冗余设施。

（一）网络系统冗余

系统冗余就是重复配置系统的一些部件。当系统某些部件发生故障时，冗余配置的其他部件介入并承担故障部件的工作，由此提高系统的可靠性。也就是说，冗余是将相同的功能设计在两个或两个以上设备中，如果一个设备有问题，另外一个设备就会自动承担起正常工作。

冗余就是利用系统的并联模型来提高系统可靠性的一种手段。采用"冗余技术"是实现网络系统容错的主要手段。

冗余主要有工作冗余和后备冗余两大类。工作冗余是一种两个或两个以上的单元并行工作的并联模型，平时由各处单元平均负担工作，因此工作能力有冗余；后备冗余是平时只需一个单元工作，另一个单元是储备的，用于待机备用。

从设备冗余角度看，按照冗余设备在系统中所处的位置，冗余又可分为元件级、部件级和系统级；按照冗余设备的配备程度又可分为 1∶1 冗余、1∶2 冗余、1∶n

冗余等。在当前元器件可靠性不断提高的情况下，与其他形式的冗余方式相比，1∶1的部件级冗余是一种有效而又相对简单、配置灵活的冗余技术实现方式，如 I/O 卡件冗余、电源冗余、主控制器冗余等。

网络系统大多拥有"容错"能力，容错即允许存在某些错误，尽管系统硬件有故障或程序有错误，仍能正确执行特定算法和提供系统服务。系统的"容错"能力主要是基于冗余技术的。系统容错可使网络系统在发生故障时，保证系统仍能正常运行，继续完成预定的工作。

（二）网络设备冗余

网络系统的主要设备有网络服务器、核心交换机、供电系统、链接以及网络边界设备（如路由器、防火墙）等。为保证网络系统能正常运行和提供正常的服务，在进行网络设计时要充分考虑主要设备的冗余或部件的冗余。

1.服务器系统冗余

由于服务器是网络系统的核心，因此为了保证系统能够安全、可靠地运行，应采用一些冗余措施，如双机热备份、存储设备冗余、电源冗余和网卡冗余等。

（1）双机热备份。对数据可靠性要求高的服务（如电子商务、数据库），其服务器应采用双机热备份措施。服务器双机热备份就是设置两台服务器（一个为主服务器，另一个为备份服务器），装有相同的网络操作系统和重要软件，通过网卡连接。当主服务器发生故障时，备份服务器接替主服务器工作，实现主、备服务器之间容错切换。在备份服务器工作期间，用户可对主服务器故障进行修复，并重新恢复系统。

（2）存储设备冗余。存储设备是数据存储的载体。为了保证存储设备的可靠性和有效性，可在本地或异地设计存储设备冗余。目前数据的存储设备多种多样，根据需要可选择磁盘镜像和独立冗余磁盘阵列（RAID）等。

第一，磁盘镜像。每台服务器都可实现磁盘镜像（配备两块硬盘），这样可保证当其中一块硬盘损坏时另一块硬盘可继续工作，不会影响系统的正常运行。

第二，RAID。RAID 可采用硬件或软件的方法实现。磁盘阵列由磁盘控制器和多个磁盘驱动器组成，由磁盘控制器控制和协调多个磁盘驱动器的读写操作。可以认为，RAID 是一种把多块独立的硬盘（物理硬盘）按不同方式组合起来形成一个硬盘组（逻辑硬盘），从而提供比单个硬盘更高的存储性能和提供数据冗余的技术。组成磁盘阵列的不同方式称为 RAID 级别。在用户看起来，组成的磁盘组就像是一个硬盘，用户可以对它进行分区、格式化等。总之，对磁盘阵列的操作与单个硬盘一样。不同的是，磁盘阵列的存储性能要比单个硬盘高很多，而且在很多 RAID 模式中都有较为完备的相互校验/恢复措施，甚至是直接相互的镜像备份，从而大大提高了 RAID 系统的容错度和系统的稳定冗余性。

（3）电源冗余。高端服务器普遍采用双电源系统（即服务器电源冗余）。这两个电源是负载均衡的，在系统工作时它们都为系统供电。当其中一个电源出现故障时，另一个电源就会满负荷地承担向服务器供电的工作。此时，系统管理员可以在不关闭系统的前提下更换损坏的电源。有些服务器系统可实现 DC（直流）冗余，有些服务器产品可实现 AC（交流）和 DC 全冗余。

（4）网卡冗余。网卡冗余技术原为大、中型计算机上使用的技术，现在也逐渐被一般服务器所采用。网卡冗余是指在服务器上插两块采用自动控制技术控制的网卡。在系统正常工作时，双网卡将自动分摊网络流量，提高系统通信带宽；当某块网卡或网卡通道出现故障时，服务器的全部通信工作将会自动切换到无故障的网卡或通道上。网卡冗余技术可保证在网络通道或网卡故障时不影响系统的正常运行。

2. 核心交换机冗余

核心交换机在网络运行和服务中占有非常重要的地位，在冗余设计时要充分考虑该设备及其部件的冗余，以保证网络的可靠性。核心交换机中电源模块的故障率相对较高，为了保证核心交换机的正常运行，一般考虑在核心交换机上增配一块电源模块，实现该部件的冗余。为了保证核心交换机的可靠运行，可在本地机房配备双核心交换机或在异地配备双核心交换机，通过链路的冗余实现核心交换设备的冗余。同时针对网络的应用和扩展需要，还需在网络的各类光电接口以及插槽数上考虑有充分的冗余。

3. 供电系统冗余

电源是整个网络系统得以正常工作的动力源，一旦电源发生故障，往往会使整个系统的工作中断，从而造成严重后果。因此，采用冗余的供电系统备份方案，保持稳定的电力供应是必要的，因为供电系统的安全可靠是保证网络系统可靠运行的关键。

通常城市供电相对比较稳定，如果停电也是区域性停电，且停电时间不会很长，因此可考虑使用 UPS 作为备份电源，即采用市电 +UPS 后备电池相结合的冗余供电方式。正常情况下，市电通过 UPS 稳频稳压后，给网络设备供电，保证设备的电能质量。当市电停电时，网络操作系统提供的 UPS 监控功能，在线监控电源的变化，当监测到电源故障或电压不稳时，系统会自动切换到 UPS 给网络系统供电，使网络正常运行，从而保证系统工作的可靠性和网络数据的完整性。

4. 网络链接冗余

网络链路是数据传输的通道，一旦链路出现故障，将直接影响数据的流通。为了避免单点故障，网络链路冗余成为了一种有效的解决方案。这种策略通过建立多条链路，确保当一条链路发生故障时，其他链路能够立即接管数据传输，从而保证网络的连通性。具体而言，每台服务器同时连接到两台网络设备，如交换机，而每条骨干链路都应有备份线路，即冗余链路。这种设计不仅可以提高网络的可靠性，还可以增强网络对突发流量的应对能力，提升整体网络的性能和用户体验。

5. 网络边界设备冗余

网络边界设备，如路由器和防火墙，是内部网络与外部互联网之间的桥梁，其稳定运行对于保障网络安全和连通性至关重要。对于关键业务系统而言，网络边界设备的任何故障都可能造成严重的后果，包括服务中断、数据泄露等。因此，对于重要的网络系统或服务系统，网络边界设备的冗余设计显得尤为重要。冗余设计可以通过多种方式实现，如采用双路由器、双防火墙等配置，或者通过虚拟化技术实现设备级别的冗余。这样，即使一台设备出现故障，另一台设备可以立即接管其工作，确保网络的不间断运行。

五、路由器安全

路由器是网络的神经中枢，是众多网络设备的重要一员，"路由器是连接不同网络之间的重要设备，其功能主要是为数据传输选择最佳路径，因此，路由器的设置是否安全直接关系到整个网络安全。"[①] 广域网就是靠一个个路由器连接起来组成的，局域网中也已经普遍应用到了路由器，在很多企事业单位，已经用路由器来接入网络进行数据通信，可以说，路由器现在已经成为大众化的网络设备了。

路由器在网络的应用和安全方面具有极重要的地位。随着路由器应用的广泛普及，它的安全性也成为一个热门话题。路由器的安全与否，直接关系到网络是否安全。

路由器是网络互连的关键设备，其主要工作是为经过路由器的多个分组寻找一个最佳的传输路径，并将分组有效地传输到目的地。路由选择是根据一定的原则和算法在多结点的通信子网中选择一条从源结点到目的结点的最佳路径。当然，最佳

---

① 闫勇.路由器的维护与安全设置策略[J].中国新通信，2019，21（23）：130.

路径是相对于几条路径中较好的路径而言的，一般是选择时延长、路径短、中间结点少的路径作为最佳路径。通过路由选择，可使网络中的信息流量得到合理的分配，从而减轻拥挤，提高传输效率。

（一）路由算法

路由算法包括静态路由算法和动态路由算法。静态路由算法很难算得上是算法，只不过是开始路由前由网管建立的映射表。这些映射关系是固定不变的。使用静态路由的算法较容易设计，在简单的网络中使用比较方便。由于静态路由算法不能对网络改变做出反应，因此其不适用于现在的大型、易变的网络。动态路由算法根据分析收到的路由更新信息来适应网络环境的改变。如果分析到网络发生了变化，路由算法软件就重新计算路由并发出新的路由更新信息，这样就会促使路由器重新计算并对路由表做相应的改变。

在路由器上利用路由选择协议主动交换路由信息，建立路由表并根据路由表转发分组。通过路由选择协议，路由器可动态适应网络结构的变化，并找到到达目的网络的最佳路径。静态路由算法在网络业务量或拓扑结构变化不大的情况下，才能获得较好的网络性能。在现代网络中，广泛采用的是动态路由算法。在动态路由选择算法中，分布式路由选择算法是很优秀的，并且得到了广泛的应用。在该类算法中，最常用的是距离向量路由选择（DVR）算法和链路状态路由选择（LSR）算法。前者经过改进，成为目前应用广泛的路由信息协议（RIP），后者则发展成为开放式最短路径优先（OSPF）协议。

（二）路由器访问控制列表

路由器访问控制列表（ACL）是 Cisco IOS 所提供的一种访问控制技术，初期仅在路由器上应用，近些年来已经扩展到三层交换机，部分最新的二层交换机也开始提供 ACL 支持。在其他厂商的路由器或多层交换机上也提供类似技术，但名称和配置方式可能会有细微的差别。

ACL 技术在路由器中被广泛采用，是一种基于包过滤的流控制技术。ACL 在路由器上读取第三层及第四层包头中的信息（如源地址、目的地址、源端口、目的端口等），根据预先定义好的规则对包进行过滤，从而达到访问控制的目的。ACL 增加了在路由器接口上过滤数据包出入的灵活性，可以帮助管理员限制网络流量，也可以控制用户和设备对网络的使用，它根据网络中每个数据包所包含的信息内容决定是否允许该信息包通过接口。

ACL 有标准 ACL 和扩展 ACL 两种。标准 ACL 把源地址、目的地址及端口号作为数据包检查的基本元素，并规定符合条件的数据包是否允许通过，其使用的局限性大，其序列号是 1 ～ 99。扩展 ACL 能够检查可被路由的数据包的源地址和目的地址，同时还可以检查指定的协议、端口号和其他参数，具有配置灵活、控制精确的特点，其序列号是 100 ～ 199。这两种类型的 ACL 都可以基于序列号和命名进行配置。最好使用命名方法配置 ACL，这样对以后的修改是很方便的。配置 ACL 要注意两点：一是 ACL 只能过滤流经路由器的流量，对路由器自身发出的数据包不起作用；二是一个 ACL 中至少有一条允许语句。

ACL 的主要作用就是一方面保护网络资源，阻止非法用户对资源的访问，另一方面限制特定用户所能具备的访问权限。它通常应用在企业内部网的出口控制上，通过实施 ACL，可以有效地部署企业内部网的出口策略。随着企业内部网资源的增加，一些企业已开始使用 ACL 来控制对企业内部网资源的访问，进而保障这些资源的安全性。

（三）路由器安全方向

1. 用户口令安全

路由器有普通用户和特权用户之分，口令级别有十多种。如果使用明码在浏览或修改配置时容易被其他无关人员窥视到。可在全局配置模式下使用 service password-encryption 命令进行配置，该命令可将明文密码变为密文密码，从而保证用户口令的安全。该命令具有不可逆性，即它可将明文密码变为密文密码，但不能将密文密码变为明文密码。

2. 配置登录安全

路由器的配置一般有控制口（Console）配置、Telnet 配置和 SNMP 配置三种方法。控制口配置主要用于初始配置，使用中英文终端或 Windows 的超级终端；Telnet 配置方法一般用于远程配置，但由于 Telnet 是明文传输的，很可能被非法窃取而泄露路由器的特权密码，从而会影响安全；SNMP 的配置则比较麻烦，故使用较少。

为了保证使用 Telnet 配置路由器的安全，网络管理员可以采用相应的技术措施，仅让路由器管理员的工作站登录而不让其他机器登录到路由器，可以保证路由器配置的安全。

3. 访问控制安全策略

在利用路由器进行访问控制时可考虑如下安全策略：

（1）严格控制可以访问路由器的管理员；对路由器的任何一次维护都需要记录备案，要有完备的路由器的安全访问和维护记录日志。

（2）不要远程访问路由器。若需要远程访问路由器，则应使用访问控制列表和高强度的密码控制。

（3)严格地为 IOS 做安全备份，及时升级和修补 IOS 软件，并迅速为 IOS 安装补丁。

（4）为路由器的配置文件做安全备份。

（5）为路由器配备 UPS 设备，或者至少要有冗余电源。

六、服务器安全

网络服务器（硬件）是一种高性能计算机，再配以相应的服务器软件系统（如操作系统）就构成了网络服务器系统。网络服务器系统的数据存储和处理能力均很强，是网络系统的灵魂。在基于服务器的网络中，网络服务器担负着向客户机提供信息数据、网络存储、科学计算和打印等共享资源和服务，并负责协调管理这些资源。由于网络服务器要同时为网络上所有的用户服务，因此，要求网络服务器具有高可靠性、高吞吐能力、大内存容量和较快的处理速度等性能。

根据网络的应用和规模，网络服务器可选用高档微机、工作站、PC 服务器、小型机、中型机和大型机等担任。按照服务器用途，服务器可分为文件服务器、数据库服务器、Internet/Intranet 通用服务器、应用服务器等。

因特网上的应用服务器又有 HDCP 服务器、Web 服务器、FTP 服务器、DNS 服务器和 STMP 服务器等。上述服务器主要用于完成一般网络和因特网上的不同功能。应用服务器用于在通用服务器平台上安装相应的应用服务软件并实现特定的功能，如数据中间件服务器、流式媒体点播服务器、电视会议服务器和打印服务器等。

服务器的安全策略包括以下方面：

第一，对服务器进行安全设置（包括 IIS 的相关设置、因特网各服务器的安全设置、MYSQL 安全设置等），提高服务器应用的安全性。

第二，进行日常的安全检测（包括查看服务器状态、检查当前进程情况、检查系统账号、查看当前端口开放情况、检查系统服务、查看相关日志、检查系统文件、检查安全策略是否更改、检查目录权限、检查启动项等），以保证服务器正常、可靠地工作。

第三，加强服务器的日常管理（包括服务器的定时重启、安全和性能检查、数据备份、监控、相关日志操作、补丁修补和应用程序更新、隐患检查和定期的管理密码更改等）。

第四，采取安全的访问控制措施，保证服务器访问的安全性。

第五，禁用不必要的服务，提高安全性和系统效率。

第六，修改注册表，使系统更强壮（包括隐藏重要文件／目录，修改注册表实现完全隐藏、启动系统自带的网络连接防火墙、防止 SYN 洪水攻击、禁止响应 ICMP 路由通告报文、防止 ICMP 重定向报文攻击、修改终端服务端口、禁止 IPC 和建立空连接、更改 TTL 值、删除默认共享等）。

第七，正确划分文件系统格式，选择稳定的操作系统安装盘。

第八，正确设置磁盘的安全性（包括系统盘权限设置、网站及虚拟机权限设置、数据备份盘和其他方面的权限设置）。

第四节　网络信息人员与文件安全管理

一、网络信息人员操作安全管理

（一）人员操作权限管理

网络信息人员操作权限管理是网络安全中至关重要的一环。它需要经过合理规划和设定，以确保网络管理的便捷、灵活和有效。在进行权限划分时，应该根据具体责任人和其职能来进行。这种权限的划分不仅要能够控制管理局面，还要避免出现越权管理的情况。

一般来说，可以采用树状模型对网络权限进行分配设置。在这个模型中，根节点拥有网络的最高权限，并配备一个总账号。网络管理员或机构负责人可以使用该总账号对网络各分节点进行操作权限的分配。对于网络中的每一位职能人员，需要为其设定相应的进入管理维护的口令。通过这种方式，可以确保每位职能人员在其权限范围内拥有自主体现创造能力的空间，从而更好地完成其工作任务。

1. 人员操作权限管理机制

网络信息人员操作安全管理的核心内容之一是操作权限管理机制。在这一领域，可以看到两种不同的权限管理方式：集中式管理和分布式管理。

集中式管理是一种通过辨识管理系统，集中管理使用者的所有账号、存取码、密码等信息的权限管理方式，这种管理方式具有诸多优点，它能够简化权限管理工作，将资源集中用于网络安全服务，使得管理工作更加高效。举例来说，当解雇员工时，集中式管理系统能够有效地终止其权限，从而避免安全风险的发生。此外，集中方式管理还可以帮助 IT 人员实时加入新员工并终止离职员工权限，进而更好地保护核心系统的安全。

与集中式管理相对应的是分布式管理。分布式管理将网络资源按类别划分，由负责此类资源管理的部门或人员为不同用户划分不同的操作权限。尽管分布式管理也有其优势，但它也存在一定的风险。特别是在公司 IT 人力不足的情况下，可能导致工作压力过大，进而可能出现账号丢失等问题，从而带来时间和金钱上的损失。

因此，要选择适合自身情况的权限管理方式，需要综合考虑公司的规模、IT 人力资源、安全需求等因素。无论是选择集中式管理还是分布式管理，都需要确保其能够有效地保障网络信息的安全，从而为企业的稳定运营提供保障。

2. 人员操作权限的分类

采用操作权限管理机制，对操作权限的划分具有同等重要的地位。在进行网络资源操作权限划分时应当遵照一定的策略和步骤，其内容包括信息类型、安全时限、安全等级、服务方式与对象以及敏感程度等。具体的安全目标定位应根据保护对象的价值和可能遭受的危险来决策。

制定安全策略时应规定如何访问文件或其他信息，例如文件的访问、网络访问和远程鉴别等。应在充分的安全风险评估之后，制定安全策略，建立相应的网络安全模型，按照一定的原则构建整个网络系统，然后从下面侧重点进行网络操作权限的划分：

（1）入网访问控制。入网访问控制为网络访问提供第一层的安全访问保障。首先，入网访问控制能够有效地控制用户可使用的网络资源。通过对用户身份的验证和权限的分配，可以确保用户只能够访问其所需的资源，从而有效地防止未授权的访问和数据泄露。其次，入网访问控制可以控制准许用户入网的时间和地点。这一功能可以帮助组织合理管理员工的上网行为，避免在非工作时间或者非指定地点的网络访问，从而提高网络安全性。此外，入网访问控制还能够控制哪些用户能够登录到服务器并获取网络资源，以及限制用户在网络中的活动。通过对用户登录站点、登录时间，以及工作站数量的限制，可以有效地降低网络被恶意访问或攻击的风险。

在实施入网访问控制时，需要注意加强口令的安全性，并对密码复杂性提出要求。此外，还可以考虑使用一次性口令或者智能卡等更加安全的验证方式。同时，对用户的登录行为进行审计，及时发现并应对异常行为，是保障网络安全的重要手段之一。

（2）权限控制。权限控制在网络安全中扮演着至关重要的角色，它是针对网络非法操作提出的一项重要安全保护措施。通过网络权限控制，可以有效地管理和控制用户对网络资源的访问和操作，从而保障网络的安全性和数据的完整性。首先，网络权限控制可以针对用户和用户组指定其可以访问的目录、子目录、文件以及其他资源。这种细粒度的权限控制能够确保用户只能够访问到其具备权限的资源，从而避免未经授权的访问和数据泄露。其次，权限控制也可以指定用户对文件、目录、设备能够执行的具体操作。这包括读取、写入、执行等操作权限的控制，可以根据实际需要对用户的操作权限进行精细化的设置，从而确保网络资源的安全性和可用性。

在权限控制的实施过程中，受委托者指派和继承权限屏蔽是两种常见的方式。受委托者指派控制着用户和用户组如何使用网络服务器的目录、文件和设备，通过指定具体的权限来限制其操作范围。而继承权限屏蔽则相当于一个过滤器，限制子目录从父目录那里获得权限，确保权限的继承与传递的合理性和安全性。

在实际应用中，通常将用户分为特权用户（管理员）、一般用户（由管理员指派权限）、审计用户（负责网络安全控制与资源使用情况的审计）。特权用户具有最高级别的权限，可以对网络资源进行全面管理和控制；一般用户根据需要被赋予特定的权限以进行日常操作；审计用户则负责监督和审计网络资源的使用情况，以及发现并应对可能存在的安全风险。

用户对网络资源的权限通常可以用访问控制列表（ACL）来描述。ACL可以定义具体的权限规则，包括哪些用户或用户组有权访问某个资源以及其操作权限等信息，从而实现对网络资源的精细化控制和管理。

（3）目录级安全控制。目录级安全控制是网络安全的重要组成部分，旨在确保用户对目录、文件和设备的访问受到有效控制。在网络系统中，对这些资源的访问权限应当经过精心设计和管理，以确保系统的安全性和稳定性。在实施目录级安全控制时，通常会涉及到八种访问权限，包括系统管理员权限、读权限、写权限、创建权限、删除权限、修改权限、文件查找权限和访问控制权限。

系统管理员权限是最高权限，仅应该授予特定的系统管理员账户，用以管理整个系统的操作。读权限允许用户查看目录和文件的内容，但不允许对其进行修改。写权限允许用户修改文件的内容或者向目录中写入新的文件。创建权限允许用户在指定目录中创建新的文件或子目录。删除权限允许用户删除目录中的文件或者子目录。修改权限允许用户修改文件或者目录的属性信息。文件查找权限允许用户在指定目录中查找文件或者目录。最后，访问控制权限控制着用户对资源的访问方式，如允许或拒绝远程访问等。

用户的有效权限取决于多个因素，包括用户本身的权限设置、用户所在组的权限设置以及是否有权限继承或者权限屏蔽等。网络管理员应当根据用户的工作需求和责任范围，为其指定适当的访问权限，以确保用户可以有效地完成工作任务，同时又不会对系统的安全性造成威胁。

有效地组合这些访问权限可以实现良好的平衡，既满足了用户的工作需求，又确保了系统资源的安全性。通过对用户权限的精细控制，可以有效地防止未经授权的访问和不当操作，从而加强了网络和服务器的安全性。综上所述，目录级安全控制是构建安全网络环境的重要一环，需要网络管理员密切关注和有效管理，以确保系统的稳定性和安全性。

（4）属性安全控制。在网络系统中，属性安全控制是确保文件、目录和设备等资源的安全访问的重要手段。网络管理员应当为这些资源指定相应的访问属性，以进一步加强系统的安全性。属性安全控制在权限安全的基础上提供了额外的保障，可以覆盖已经指定的任何受委托者指派的有效权限。

属性设置可以针对特定的操作和功能进行控制，其中包括但不限于向文件写入数据、拷贝文件、删除文件、查看文件内容、执行文件、设置文件为隐含文件、共享文件，以及设置系统属性等。通过对这些属性的精细设置，可以限制用户对资源的操作，从而确保系统的安全性和稳定性。

（5）服务器安全控制。网络服务器的安全控制是保障整个网络系统安全的重要组成部分。它包括了多项安全措施，以防止未经授权的访问和恶意行为对系统造成损害。可以设置口令锁定服务器控制台，以防止未经授权的人员访问服务器控制台并进行操作。其次，可以设定服务器登录时间限制，限制用户的登录时间，以降低系统被未经授权的用户访问的风险。此外，还可以设置非法访问者检测和关闭的时间间隔，及时发现并关闭非法访问者的活动，以保障系统的安全性。

3. 人员操作权限的作用

网络信息人员操作安全管理是保障网络系统安全的重要一环。在这方面，人员操作权限管理是至关重要的一环。操作权限的作用在于确保系统中的每位用户或者操作者都只能访问其需要的信息和资源，同时又能防止未经授权的人员获取敏感信息或者对系统进行不当操作。具体而言，操作权限的作用主要包括以下方面：

（1）操作权限的设定可以实现权限的最小化原则。通过对不同用户或者角色设置不同的操作权限，可以确保每位用户只能访问其工作所需的信息和功能，避免了用户越权访问敏感信息或者操作系统的风险。

（2）操作权限可以有效地控制系统内部的访问范围。通过设置不同级别的权限，可以将系统内的用户划分为不同的权限组，从而实现对不同用户的访问范围进行有效控制，保障了系统内部信息的安全性。

（3）操作权限的设定也有助于实现审计和监控的功能。通过记录每位用户的操作权限以及其对系统的操作记录，可以实现对系统的审计和监控，及时发现异常操作和安全风险，从而及时采取措施进行处理，保障系统的安全稳定运行。

（4）操作权限的设定也是符合法律法规和安全标准的要求。在现今的网络安全法规和标准中，对于用户的操作权限管理提出了明确的要求，因此，合规性操作权限的设定也是保障系统安全的重要手段之一。

总之，操作权限的作用不仅体现在保障系统安全和数据安全方面，同时也有助于提高系统的运行效率和符合法规要求。因此，对于网络信息人员操作安全管理而言，合理设置和管理操作权限是至关重要的一项措施。

（二）人员责任管理

在网络信息安全管理中，操作责任是必须明确的，它规定内部员工在指定权限范围内工作，以及工作对信息系统运行产生的影响。

1. 人员操作责任的内容

在网络信息安全管理中，操作责任是确保网络系统运行安全的重要组成部分。操作责任的内容包括网络用户和网络管理者各自的责任。对于网络用户而言，他们有责任保护自己的信息安全，这包括在与网络服务提供方签订严格协议时遵守协议内容，承担自身信息安全的责任。而对于网络管理者，则需要负起全面的主要责任，包括确保网络底层环境畅通无阻，网络应用性能优异，所有信息资源安全，并为用户提供优质的技术服务。此外，网络管理者还应严格遵守规章制度，保持高尚的职业道德，提高自身安全意识和业务水平。

责任分开制是降低意外或滥用系统风险的有效方法，其目的在于减少非法更改或错误使用信息或服务的机会。尽管对于小机构来说，实施责任分开制可能存在一定困难，但仍可在最大范围内实现其原则。如果难以实施责任分开制，可以考虑采取其他管理办法，如监控活动、审计跟踪及管理监督，但需注意安全审计的责任必须是独立的。

此外，在负责某一责任时，应注意防止造假犯案后无人知晓的情况发生。为此，应将事件的启动与授权分开，并采取控制措施，如规定两个或多个人共同检查，以降低共谋犯案的机会。

2. 人员操作责任考核

在网络信息安全管理中，操作责任不仅需要明确规定，还需要通过考核来进行监督。这种考核既依赖于制度的约束，也需要员工自身的自我约束。在健全的网络管理规章制度下，提高员工自身素质成为实施网络操作责任的关键所在。

对于新员工，企业应进行必要的岗前培训，使其了解企业和相关的安全操作程序。当前市场对企业快速应变的要求也反映在每个员工身上，因此员工不仅需要具备团队协作精神和责任感，还需要承担操作责任。为此，企业或机构需要实施操作责任考核，通过制度将日常工作责任细化和落实。一旦拥有完善的运营制度，网络单位的管理层应根据上述方面选择高素质的员工。只有这样，网络中的操作责任才能得到明确界定，外部因素才能被排除，从而确保整个网络能够健康运行。

操作责任考核不仅是对员工履行责任的监督手段，也是对整个网络安全管理体系的重要保障。企业应该通过制度和培训相结合的方式，确保员工具备必要的素质和技能，进而推动网络信息安全管理的有效实施。

3. 人员相关责任的承担

随着互联网在我国的日益广泛应用和快速发展，互联网上发布、传播有害信息的问题日益突出，同时利用互联网实施的违法犯罪活动也逐渐增多。针对这一问题，我国正在加强相关法治建设，以便依法促进互联网的健康发展，维护国家安全和社会公共利益，以及保护公民、法人和其他组织的合法权益。

维护网络安全和信息安全已经成为世界上许多国家和地区所面临的共同问题，因此不少国家和地区都在研究并试图通过法律手段解决这一问题。我国明确规定，对于构成犯罪的行为，将依照刑法有关规定追究刑事责任。

根据法律规定，构成犯罪的行为包括但不限于：违反国家规定，侵入国家事务、国防建设、尖端科学技术领域的计算机信息系统；制作、传播计算机病毒，设置破坏性程序，攻击计算机系统及通信网络，致使计算机系统及通信网络遭受损害；违反国家规定，擅自中断计算机网络或者通信服务，造成计算机网络或者通信系统不能正常运行等行为。对于这些构成犯罪的行为，我国将依照刑法的有关规定追究刑事责任。这一严格的法律制度不仅对个人行为进行了明确界定，也为维护网络安全和信息安全提供了有效的法律保障。因此，所有网络用户和从业人员都应当牢记自己的操作责任，遵守相关法律法规，共同维护良好的网络环境和社会秩序。

二、网络信息文件安全管理

当前，文件在各类组织、机构以及个人中都扮演着不可或缺的角色，它们承载着重要而难以忘怀的信息，对于解决多种问题至关重要。而技术文档则是从软件开发的角度出发，对系统设计、开发、运营以及维护进行文字化描述。通常，技术文档会详细阐述系统的构建原理，清晰展示系统的实施方法，并记录系统各个阶段的技术细节。这些文档为管理人员、开发人员、操作人员以及用户之间的技术交流提供了有效的沟通平台。

（一）文档密级管理

文档密级管理在现代信息化社会中扮演着至关重要的角色。其目的在于确保国家机密信息以及重要技术资料的安全保密，以防止其泄露可能对国家安全、经济发展和社会稳定造成的不利影响。文档密级划分通常包括绝密级、机密级、秘密级和一般级四种，每种级别对应着不同的保密标准和保护措施。

文档密级的划分应严格按照国家有关保密法律和行政法规执行，未经相关部门批准，不得随意提高、降低或解除密级。这保证了对于国家机密信息的合理管控和安全保护，从根本上防止了未经授权的信息泄露。

文档密级的变更和解密必须遵循严格的程序，同时主管部门应承担监管、监督的责任。这意味着定期的保密检查和培训工作的进行，以及对于泄密事件的及时报告和处理，从而将潜在的泄密风险降至最低。

文档在借阅方面的安全措施是确保机密信息不被未经授权的人员获取或利用的重要手段。这些措施不仅是为了遵守保密法规，也是为了保护国家的利益和安全。以下是一些常见的安全措施：

首先，查阅技术文档的人员必须持有单位的介绍信，并履行登记和审批手续。这样的措施可以确保只有经过授权的人员才能够接触到相关的技术文档，从而减少信息泄露的风险。

其次，建立必要的文档借阅制度，确保不同密级的文档有不同的使用范围。这意味着只有经过特定级别的人员才能够获取到相应密级的文档，从而防止机密信息被非授权人员获取。

再次，对文档的使用要在允许的范围内，不得私自复制。这可以通过技术手段来限制文档的复制和传播，同时也需要加强对借阅人员的监督和管理，以确保他们不会违反相关规定。

最后，加强文档管理人员的安全培训工作，时刻保持警惕。这包括对于保密法规的培训，以及对于应对紧急情况的培训，以确保他们能够在面对突发情况时采取正确的措施，保护机密信息的安全。

（二）文档登记与保管

文档登记与保管是保障技术文档完整性和安全性的重要环节。在文档登记方面，首要任务是建立健全技术文档的形成、积累、整理和归档制度，以确保每一项技术成果都有完整的技术资料支持。这一制度的建立需要相关工作人员共同参与，并应进行必要的考核以确保执行到位。

文档的建立应成为相关工作人员的职责，并应遵循一定的流程和规范。这包括文档形成的签署、审批程序，以及收集、编制目录、整理归档文件等具体步骤。另外，文档的归档工作也应包括鉴定归档的技术文件并确定属性，检测归档的文件，编制归档说明以及制作备份等环节，以确保文档的完整性和可用性。

文档的保管则需要建立专门的制度，贯彻执行统一领导、分级管理的原则。这意味着文档的保管应根据其密级和重要性采取不同的安全措施，并防止人为破坏和自然损坏对文档构成的威胁。在安全要求方面，需要总结人力方面和自然环境方面的经验，以最大限度地保障文档的安全。

（三）文档销毁

文档销毁是管理和保护文档资料的必要环节，它有助于释放存储空间、防止信息泄露和确保信息安全。在进行文档销毁前，必须进行严格的鉴定工作，确保销毁的文件符合一定的条件。鉴定工作包括两个主要方面：一方面是确定归档文件是否保持了原始性、准确性和完整性，以及是否经过了审批更改；另一方面是确定文件的价值和保管期限。对于已经失去保存价值的文件，必须进行销毁处理。

鉴定工作需要遵循一定的原则。鉴定工作人员应由主管领导、档案人员和相关业务人员组成，以确保鉴定的客观性和准确性。对于已经到期或过期的文档，应逐页审查，并根据实际情况直接判定其价值。对于需要延长保管期限的文档，应取出留存，并重新确定其保管期限；对于无需保留的文档，则应进行销毁处理。文档销毁是一项重要的管理工作，其目的是有效管理和保护文档资料，避免信息泄露和滥用。只有通过严格的鉴定和销毁程序，才能确保文档销毁工作的有效实施，并最大程度地维护信息安全和管理效率。

文档销毁是一个严谨而必要的程序，其目的在于确保文档的安全销毁，并记录销毁过程以备查阅。以下是文档销毁所需的详细程序：

首先，编制销毁清册和撰写销毁报告。销毁清册是记录需销毁文档的登记簿，其中包括文档的标题、保存日期、文档号和文件数量等信息，以便于统计和跟踪。而销毁报告则详细描述了文档的历史情况、销毁的数量和内容、鉴定情况以及销毁依据等信息，为鉴定小组提供准确了解文档价值的参考。

其次，经过必要的审批手续。根据相关规定，必须由权限部门进行审批批准。在鉴定小组出具销毁意见、销毁清册和销毁报告后，需要将其上报给主管领导进行最终审批。只有获得主管领导的批准，文档销毁程序才能继续进行。

最后，进行文档销毁操作。在销毁清册和销毁报告得到批准后，按照安全的方式将文档进行销毁。销毁完成后，必须在文档上注明"已销毁"和销毁日期，并由相关责任人签字盖章，以确保销毁过程得到记录和审查。

（四）电子文档安全

1.电子文档安全的不安全因素与形式

（1）电子文档安全的不安全因素。电子文档的安全性是信息化时代面临的重要挑战之一，其不安全因素主要包括：①非法访问。即非法网络用户通过各种手段进入政府网站，窃取其中对其有用的文档信息，从而导致文档泄密。这种情况下，黑客、网络犯罪分子等不法分子可能利用漏洞或其他技术手段，非法获取政府网站上的敏感文档信息，给国家机密带来严重的威胁。②非授权访问。即合法网络用户未经政府网站同意，擅自进入该网站获取相关文档信息，也可能导致文档泄密。这种情况下，可能是因为网络安全措施不足或用户的账号密码被盗用等原因，使得未经授权的用户能够进入系统获取敏感信息。③篡改。即合法网络用户经政府网站同意后，将获取的文档信息进行篡改，以谋取个人或他人的利益。这种情况下，文档的真实性和完整性可能受到损害，给政府和社会带来严重的信任危机和损失。④伪造。即合法网络用户从政府网站上获取文档信息后，根据自己的需要进行伪造，然后再发送给网络上其他用户，形成虚假信息。这种情况下，可能导致信息误导、舆论混乱等不良后果，损害政府形象和社会秩序。⑤通过访问政府网站，对文档信息进行修改、删除、插入等操作，使原有文档信息面目全非，然后再发送给网上其他用户，以此损害政府形象，破坏政府声誉，造成不良社会影响。

（2）电子文档的不安全形式。电子文档容易复制和更改，且不留任何痕迹，在传输的过程中造成的信息泄露的形式通常有：①因操作失误而导致的泄露。有时候，用户可能无意中将秘密文件复制到公共目录，或者错误地发送给其他人，使得未经授权的人员能够阅读到该文件。这种情况下，泄露可能是无心之失，但却有潜在的风险，因此需要加强对操作规程的培训和监督。②有意为之的泄露。某些人可能故意将秘密文件复制到软盘等可移动介质上，并带离工作场所，或通过网络发送给他人。这种行为可能是出于不当目的，如泄露商业机密或敏感信息，因此需要通过技术手段和管理措施加以防范。③通过非法手段获取访问权限进行的泄露。黑客或其他恶意攻击者可能通过攻击系统漏洞或窃取用户账号密码等方式，非法获取访问权限，并将文件复制出去。这种情况下，泄露行为是有意而为，对于系统的安全性构成了严重威胁。④由计算机病毒引发的泄露。某些恶意软件可能会自动将电子文档发送出去，使得秘密信息被传送给没有阅读权限的人员，从而导致信息公开。这种情况下，泄露往往是在用户不知情的情况下发生，因此需要加强对计算机安全的防护和监控。

2. 电子文档安全的保障技术

（1）电子文档访问控制。电子文档的安全保障是当今信息技术领域中的重要议题之一。在这个信息化的时代，电子文档承载着各种机构和个人的重要信息，因此，保障这些电子文档的安全显得尤为重要。在电子文档安全保障技术中，访问控制是一项至关重要的措施和手段。①入网访问控制作为访问控制的基础，其重要性不言而喻。通过入网访问控制，可以确保只有经过合法认证的用户才能够登录服务器并获取网络资源。这种控制机制不仅可以限制非法用户的访问，还可以控制合法用户的访问时间和入网网站，从而进一步加强了对电子文档信息的保护。②权限控制则是在用户登录并获得访问权限后的关键一环。通过权限控制，可以精确地指定用户对不同目录、文件和其他资源的访问权限，包括对这些资源的操作权限，如只读、改写、创建、删除、查找等。特别是在防止电子文档的拷贝、篡改和打印方面，权限控制起着至关重要的作用，有效地保护了电子文档的完整性和机密性。③防火墙控制作为访问控制的重要补充，通过设置屏障和门槛，有效地阻止了黑客等非法用户对机构网络的访问和信息输出。不同类型的防火墙，如包过滤、代理、双穴主机防火墙等，在不同网络层次上执行安全控制功能，为电子文档的安全提供了多层次的保障。

（2）电子文档信息加密。电子文档信息加密是信息安全领域中至关重要的一环，其目的在于保护网内数据、文件、口令以及控制信息在传输过程中的安全性，以确保不宜公开的电子文档的机密性。在现代通信和数据传输中，信息加密往往是保障数据安全的必要手段之一。信息加密的实施依赖于多种加密算法，主要分为常规密码算法和公钥密码算法两大类。

在实际应用中，常见的做法是将常规密码算法和公钥密码算法结合使用，以提高加密效果和安全性。举例来说，电子文档的加密技术通常采用了这种结合方式。在这种方式下，发送方使用接收方的公开密钥对文档进行加密，而接收方则利用自己的私钥进行解密。由于加密和解密过程使用了不同的密钥，因此第三方很难从中破解出原文内容，从而保障了电子文档在传输过程中的安全性。

目前，网上电子文档信息加密通常通过异步数据加密机进行加密处理，或者利用专门的系统如阿帕比（Apabi）系统进行加密。阿帕比系统包括数据转换软件、安全文档软件平台以及阅读软件三个子系统，通过对用户的阅读、打印、复制等操作设定严格的控制，从而保障了电子文档的安全性和机密性。

（3）电子文档数字签名。电子文档数字签名是一种重要的技术手段，用于确保文档的真实性和进行身份验证，从而确认其内容是否被篡改或是否为伪造。在数字签名技术中，一般包括证书式和手写式两种方式，每种方式都有其优劣之处。就证书式数字签名而言，它需要向专门的技术管理机构进行登记注册，类似于身份确认的公证机构。尽管证书式数字签名在技术上是可靠的，但是其手续相对繁琐，需要经过较多的步骤和程序，这使得其在实际应用中可能会受到一定程度的限制。与此相比，手写式数字签名更为直接和直观。作者可以使用光笔在计算机屏幕上签名，或者使用压敏笔在手写输入板上签名，从而产生类似于在纸质文件上的亲笔签名的效果。这种"笔迹"几乎不可能被他人准确模仿，因此能够有效地确认文档的真实性和作者的身份。手写式数字签名也存在一定的安全风险，因为"笔迹"有可能被复制并转移到其他文件上，从而导致以假乱真的效果。为了解决这一问题，可以借助其他安全控制技术的结合使用，例如加密、防伪、真迹鉴定等技术。通过这些技术手段的综合应用，可以有效地增强手写式数字签名的安全性和可靠性，从而更好地确保电子文档的完整性和真实性。

（4）电子文档防写措施。电子文档防写措施是保护文档内容不被修改、复制和打印的重要手段之一。通过将电子文档设置为"只读"状态，可以有效地限制用户对文档的操作，从而确保文档内容的完整性和安全性。这种防写措施在当前网络环境中得到了广泛应用，尤其是在 PDF 格式文件等文档类型中。将电子文档设置为"只读"状态意味着用户只能从计算机上读取信息，而不能对其进行任何修改、复制和打印操作。例如，网络上的 PDF 格式文件通常设定为只读状态，这意味着用户只能在计算机上查阅文档内容，而无法修改、复制或打印文件内容。用户想要进行复制或打印等操作时，通常需要另外下载特定软件来对这种格式的文件进行解读，从而绕过原始的"只读"设置。此外，外存储器中的只读式光盘 CD-ROM 和一次写入式光盘 WORM 等不可逆式记录介质也是防写措施的重要应用。这些介质在制作时就已经将文档内容写入，用户无法对其进行修改或删除，从而有效防止了文档内容被篡改的风险，保障了文档的真实性和完整性。

（5）电子文档信息备份与恢复。电子文档信息备份与恢复是一种重要的防止信息丢失和失真的补救措施。在当前网络环境的不安全性下，电子文档信息往往面临着易丢失或失真的风险，给信息安全带来了严重威胁。尽管可以采取各种技术和方法来保障网络的安全，但实际上任何一个网络都不能确保百分之百的安全性，因此信息丢失和失真的现象是难以避免的。

建立备份与恢复系统对于保障电子文档信息的完整性和安全性至关重要。当信息丢失或失真发生时，备份与恢复系统可以作为一种有效的应急措施，保证数据的及时恢复和重建。通过定期对电子文档信息进行备份，将其存储在安全的地方，如离线存储设备或云端备份服务器中，可以确保即使原始数据丢失或损坏，仍然能够通过备份数据进行恢复。

备份与恢复系统的建立不仅可以保障信息安全，还能提高信息系统的可靠性和稳定性。在信息丢失或失真的情况下，只需启动备份与恢复系统，丢失或失真的信息就能够重新恢复到原来的状态，从而减少了数据丢失所带来的损失和影响。此外，备份与恢复系统还可以提高数据的可用性，确保用户能够随时随地获取到所需的信息，提升了信息系统的整体效率和运行效果。

3. 电子文档安全的保障管理

电子文档安全的保障管理是确保信息安全的关键环节，需要建立并执行一整套科学、合理、严密的管理制度，以防止电子文档信息安全漏洞的出现。这些管理制度应该覆盖电子文件的整个生命周期，从电子文件的形成、处理、传输、收集、积累、整理、归档，到电子档案的保管和提供利用的全过程。

（1）加强对电子文件制作人员和管理人员的管理至关重要。必须确保这些人员具备足够的安全意识和专业知识，严格执行相关安全规定和管理制度。

（2）电子文件制作过程中需要明确各个环节的职责，确保责任分明，防止信息在处理过程中遭到篡改或泄露。

（3）建立和执行科学的归档制度也是至关重要的一环。电子文档应按照一定的标准和规定进行归档管理，以确保文档的安全性和完整性。

（4）制定和严格执行电子文档的鉴定、保管制度和标准，加强对电子文档利用活动的管理，都是保障电子文档安全的重要措施。

在网络环境下运行的电子文档，存在着因载体转换和格式转换而不断改变自身存在形式的情况，这给文档的真实性带来了挑战。因此，建立自动记录系统对电子文档进行全过程的"跟踪记录"，记载文件的形成、管理和使用过程，将有助于确保文档的真实性，并能够帮助文档使用者理解文档的内容。

4. 电子文档的安全认识

（1）考虑不同电子文档的区别。不同类型的电子文档可能包含着不同级别的重要信息，因此对其安全性的要求也会有所不同。例如，一份个人笔记与一份企业财务报告相比，其安全性需求会有明显的差异。因此，针对不同类型的电子文档，需要制定相应的安全策略和措施，以确保信息的安全性。

（2）考虑安全成本。安全并非是一项零成本的事业，它需要投入一定的资源和精力来实现。首先是建设成本，包括安全设备、技术人员培训等方面的费用；其次是使用成本，包括维护设备、更新软件等方面的费用。在实际应用中，需要权衡安全和成本之间的关系，实现安全投入与实际风险之间的平衡。只有在安全投入与风险之间找到恰当的平衡点，才能实现"恰到好处"的安全。

（3）安全方案应简便、实用。确保电子文档信息安全的措施应该是简便而实用的。尽管信息安全涉及复杂的技术问题，但这并不应成为用户操作困难或不便的理由。

由于信息网络的广泛应用，全体社会公众都可能成为其用户，因此，在设计、制作和实施网络安全方案时，必须考虑到多数公众的便捷心理和实用需求。只有确保了信息安全的目的，方案越简便、操作起来越方便就越好。

如果制定的安全方案和使用的系统平台过于复杂，导致大多数用户无法操作，那么这个方案和系统就需要进行修改或更换。然而，作为用户，也需要具备一定的安全意识和常识。如果用户不能正确地应用各项安全措施，那么可能会导致安全系统无法正常工作，从而影响信息网络的正常运转，甚至导致安全系统失去实际作用。

因此，在电子文档信息安全系统的建设中，除了技术上的设计和实施，还应该包括对用户进行安全意识和常识教育培训。特别需要加强对安全系统的使用培训，使用户能够正确地理解和应用安全措施，从而更好地保护电子文档信息的安全。

第四章　防火墙与入侵检测技术

第一节　防火墙及其体系结构

"计算机网络安全问题造成的影响也越发严重，而防火墙技术能够隔离来自互联网络的攻击，又能将内部局域网络的病毒限制在子网内，减少计算机网络安全问题的发生，使用户的信息安全得到保障，使社会能正常运转。"[①] 防火墙作为计算机网络中的一种关键设施，类比于建筑物中的防火墙，其基本目的在于阻止网络中的危险因素从外部传播到内部网络，从而保护内部网络的安全。在理论上，防火墙的功能与建筑物中的防火墙类似，都是为了在两个或多个网络之间加强访问控制，并在内部网与外部网之间建立一道保护层，以确保所有连接都必须经过此保护层进行检查和授权，只有被授权的通信才能通过，从而有效保护内部网资源免遭非法入侵。

从技术角度来看，防火墙实际上是一个或一组网络设备，其作用是监控和过滤通过它的网络流量，以实现对网络通信的控制和管理。

防火墙在当今互联网时代扮演着至关重要的角色，是保障网络安全的第一道防线。通过有效配置和管理防火墙，可以有效地保护网络资源免受未经授权的访问和攻击，确保网络的安全性和稳定性。

一、防火墙的技术类型

实现防火墙的技术包括四大类：网络层防火墙（又称为包过滤型防火墙或报文过滤网关）、电路层防火墙（又称为线路层网关）、应用层防火墙（又称为代理服务器）和规则检查防火墙。

---

① 王东岳，刘浩，杨英奎．防火墙在网络安全中的研究与应用［J］．林业科技情报，2023，55（1）：198-200.

（一）网络层防火墙

网络层防火墙作为最基本形式的防火墙，其功能主要集中在对源和目的 IP 地址及端口的检查上。其技术基础是包过滤技术，而这项技术的依据则是网络中的分包传输技术。在网络通信中，数据被分割成一定大小的数据包进行传输，每个数据包都包含有关源地址、目标地址、TCP/UDP 源端口和目标端口等信息。网络层防火墙通过读取这些数据包中的地址信息，来判断是否来自可信站点，并据此进行进一步的处理。系统管理员可以根据实际情况制定适当的判断规则，而用户对于这些检查通常是透明的。通常，网络层防火墙是放置在路由器上的，大多数路由器默认提供了报文过滤功能。

报文过滤网关是网络层防火墙的一种实现方式，在收到数据报文后，会先扫描报文头，检查其中的报文类型、源 IP 地址、目的 IP 地址以及目的 TCP/UDP 端口等信息，然后根据规则库中的规则来决定是转发还是丢弃这些报文。许多报文过滤器允许管理员分别定义基于路由器上的报文出界面和进界面的规则，以增强其灵活性。目前，大多数报文过滤器是由包过滤路由器来实现的，它们可以对每个接收到的数据包进行判断和处理，根据事先定义好的规则来决定是否转发或丢弃。报文过滤器的规则通常基于 IP 报文的头部信息，如源地址、目标地址、封装协议、TCP/UDP 源端口、TCP/UDP 目标端口、ICMP 报文类型等。如果找到匹配的规则且允许通过，则报文被转发；如果找到匹配的规则但被拒绝，则报文被丢弃；如果没有匹配的规则，则根据用户配置的默认参数决定报文的处理方式。有些报文过滤器在实现时还可以选择是否通知发送者报文已被丢弃。

网络层防火墙的优点，包括统一的认证协议、无需对每个终端主机进行额外认证、性能下降较小、防火墙的崩溃和恢复不影响开放的 TCP 连接、路由改变不会影响 TCP 连接、与应用无关以及不存在单个可导致失败的点等。同时，报文过滤技术作为一种简单实用、成本较低的安全技术，在简单应用环境下能够以较小的代价保证系统的安全。然而，由于其基于网络层的安全过滤，无法对用户进行区分，也无法识别基于应用层的恶意侵入，如恶意的 Java 小程序或电子邮件中的病毒。另外，有经验的黑客可以轻松伪造 IP 地址，从而欺骗过滤器。尽管智能报文过滤器已经出现，但同样无法对用户进行区分。

对于网络层防火墙存在一些设计难题，尤其在多防火墙、非对称路由、组播和性能方面尤为突出。这些问题需要通过深入研究和技术创新来解决，以进一步提升网络层防火墙的效能和安全性。

（二）电路层防火墙

电路层防火墙作为一种类似于网络层防火墙的安全设备，其主要特点在于其能够在 OSI 协议栈的会话层上进行数据包过滤，相较于包过滤防火墙，其层级较高。其工作原理在于监控受信任的客户端或服务器与不受信任的主机之间的 TCP 握手信息，以此来确定会话的合法性。通过这种方式，电路层防火墙能够隐藏受保护网络中的信息，使得所有从防火墙串出来的连接看起来都像是由防火墙生成的，从而增强了网络的安全性。

实际上，电路层防火墙并不是作为一个独立的产品存在，而是与其他应用层网关结合在一起。除了基本的数据包过滤功能外，电路层防火墙还提供了一个重要的安全功能，即代理服务器。代理服务器在防火墙上运行一个称为"地址转移"的进程，将所有内部 IP 地址映射到一个安全的 IP 地址上，这个地址由防火墙使用。通过代理服务器，电路层防火墙能够有效地控制内部网络与外部网络之间的通信，从而提高了整体的网络安全性。

然而，尽管电路层防火墙具有诸多优点，但其也存在一些缺陷。由于其工作在会话层，电路层防火墙无法对应用层的数据包进行检查，这导致了一定程度上的安全漏洞。攻击者可以利用这一漏洞绕过防火墙的监控，对网络进行恶意攻击。因此，在设计和部署电路层防火墙时，需要结合其他安全设备和措施，以弥补其在应用层安全防护方面的不足，从而全面提升网络的安全性。

（三）应用层防火墙

应用层防火墙作为一种独特的网络安全设备，与传统的网络层和电路层防火墙相比，具有不同的工作原理和优势。应用层防火墙能够在 OSI 模型的应用层上进行数据包过滤和访问控制，对进出的数据包进行深度检查，从而有效地防止不受信任的主机直接与受保护的服务器和客户端建立联系，增强了网络的安全性。

应用层防火墙相较于其他类型的防火墙，其主要特点在于其能够理解和处理应用层协议，具备更复杂的访问控制能力，并能够进行精细的用户认证和授权。通过网关复制传递数据，应用层防火墙能够实现对用户的严格认证，并提供与连接对方的身份相关的信息，从而增强了对网络的安全保护。尽管每种协议需要相应的代理软件来实现，且工作量较大，但在大多数环境下，应用层防火墙能够提供比其他防火墙更高的安全性，因为其能够进行严格的用户认证，确保所连接的对方的真实身份，并实施基于用户的其他形式的访问控制，如限制连接的时间、主机和服务。

然而，尽管应用层防火墙在安全性方面具有显著优势，但其也存在一些挑战和局限性。首先，应用层防火墙的实现较为困难，且有些应用层网关缺乏透明度，可能会导致用户在访问 Internet 或 Intranet 时出现延迟和多次登录的情况。此外，应用层防火墙对系统的要求较高，需要适当的程序设计和配置，以确保能够准确理解和处理用户应用层的通信业务，并维护智能化的日志文件记录和控制所有进出的通信业务。

（四）状态检测防火墙

状态检测防火墙作为新一代的防火墙技术，在网络安全领域具有重要的地位和应用前景。相较于传统的防火墙技术，状态检测防火墙采用了更加智能和高效的工作方式，通过监视每一个有效连接的状态，对数据包进行深入分析和比较，从而有效地提升了网络安全水平。

状态检测防火墙工作在协议栈的较低层，截取并分析网络数据包，然后将提取的状态信息与预设的安全策略进行比较，以决定数据包是否能够通过防火墙。相比于传统的网络层和电路层防火墙，状态检测防火墙能够提供更加全面和精细的网络安全保护。其通过对数据包的深度分析，能够识别更多的安全威胁，并采取相应的防御措施，从而有效地阻止网络攻击和入侵。

状态检测防火墙具有较高的安全性、高效性和可伸缩性。由于其工作在协议栈的较低层，能够截取和检查所有通过网络的原始数据包，从而确保对网络流量的全面监控和管理。同时，状态检测防火墙通过动态状态表和过滤规则，能够提供高效的数据包处理和连接管理，大大提升了系统的执行效率和性能。此外，由于其不区分具体的应用，而是根据从数据包中提取出的信息和安全策略处理数据包，因此具有较好的伸缩性和扩展性，能够适应不同规模和复杂度的网络环境。

状态检测防火墙支持广泛的应用范围，能够有效地处理基于 UDP 的应用、无连接协议的应用以及 RPC 等服务。对于这些应用，状态检测防火墙通过动态端口映射和连接状态管理等技术手段，实现了安全可靠的数据传输和访问控制，为网络安全提供了更加全面的保障。同时，状态检测防火墙对基于 UDP 应用的安全实现也具有一定的优势，通过保持虚拟连接和超时机制，有效防止了各种网络攻击和威胁。

从未来的发展趋势来看，状态检测防火墙有望成为网络安全领域的主流技术之一，其将在网络层防火墙和应用层防火墙之间占据重要位置。随着技术的不断进步和应用场景的不断拓展，状态检测防火墙将不断提升其安全性、效率性和适用性，成为网络安全保护的重要支撑和基础设施。

二、防火墙的体系结构

防火墙作为网络安全的基础设施，在不同规模的网络环境中扮演着至关重要的角色。其中，双穴主机网关、屏蔽主机网关和屏蔽子网网关是三种常见的防火墙体系结构，它们分别适用于不同规模和需求的网络环境。共同的特点是它们都需要一台堡垒主机或桥头堡主机来充当应用程序转发者、通信登记者和服务提供者的角色。这三种防火墙体系结构各有其特点和适用场景，可以根据具体的网络规模、安全需求和预算情况选择合适的结构。在实际应用中，还可以根据需要对防火墙系统进行定制化配置和优化，以实现最佳的网络安全效果。

（一）双穴主机网关

双穴主机网关是一种网络安全技术，其设计目的是在两个网络之间建立一个安全的通信桥梁，同时对通过该桥梁的数据流进行监控和控制。这种网关通常被放置在受保护网络和外部网络（如互联网）之间，作为一种安全屏障，防止未授权的访问和潜在的网络攻击。

系统结构方面，双穴主机网关需要在一台主机上安装两块网络接口卡，并在该主机上运行防火墙软件。这样的配置使得受保护网络与外部网络之间的通信必须经过桥头堡主机，而不是直接相连。这种设计有效地隐藏了受保护网络的存在，使得除了桥头堡主机之外，受保护网络对外部不可见。此外，桥头堡主机不转发 TCP/IP 通信报文，所有网络服务都必须通过该主机的代理程序来提供支持。

在基于 UNIX 的系统中，为了确保双穴主机网关的安全性，需要对系统内核进行重新配置和编译，以禁止寻径功能。这一过程涉及到使用 Make 命令编译 UNIX 系统内核，并使用 Config 命令读取内核配置文件，生成重建内核所需的文件。内核配置文件通常位于特定的系统目录下，可以通过 strings 命令检查所使用的内核配置文件。

在实施双穴主机网关时，需要考虑一系列的安全检查点。首先，应当移除不必要的程序开发工具，如编译器和链接器，以减少潜在的安全风险。其次，应当移除不需要或不了解的具有特殊权限的程序，以防止它们被恶意利用。此外，使用磁盘分区可以限制潜在的攻击，使其影响局限在一个磁盘分区之内。还有，删除不必要的系统和专门账号，以及不需要的网络服务，可以进一步增强系统的安全性。

尽管双穴主机网关在安装、硬件需求和正确性验证方面具有优势，但它也存在一定的安全弱点。这种结构没有增强网络的自我防卫能力，反而可能成为黑客攻击的首选目标。一旦防火墙被破坏，桥头堡主机可能就变成了一台没有寻径功能的路由器。有经验的攻击者可能会利用这一点，通过获取系统特权修改相关内核变量，恢复桥头堡主机的寻径能力，从而对受保护网络发起攻击。

（二）屏蔽主机网关

屏蔽主机网关是一种网络安全架构，旨在为受保护网络提供一个安全层，同时允许有限地、受控地访问到内部网络。在这种架构中，桥头堡主机位于受保护网络内部，而一个带有报文屏蔽功能的路由器被放置在受保护网络与外部网络（例如互联网）之间。该路由器负责拦截并过滤所有进入和离开受保护网络的数据包，仅允许对桥头堡主机的访问，从而有效地隔离了受保护网络与外部网络的直接通信。

屏蔽主机网关的设计提供了一定程度的灵活性，允许网络管理员根据需要配置路由器，有选择地允许某些值得信任的应用程序通过。然而，这种架构的安全性不仅依赖于桥头堡主机，还依赖于路由器的配置和管理。网络管理员必须同时管理桥头堡主机和路由器的访问控制列表，并确保它们之间的策略协调一致。随着允许通过路由器的服务数量增加，确保防火墙配置的正确性和维护其安全性将变得更加复杂。

在屏蔽主机网关中，数据包过滤的配置可以通过多种方式实现。例如，可以允许内部主机为了某些特定服务与互联网上的主机建立连接，或者可以不允许来自内部主机的任何连接。用户可以根据实施的安全策略，灵活地选择不同的过滤手段。这种架构允许从互联网到内部网络的数据包流动，相对于完全不允许外部数据包到达内部网络的双穴网关体系结构，屏蔽主机网关的设计存在更高的风险。

尽管屏蔽主机网关在安全性和可用性方面通常优于双穴网关体系结构，但与其他体系结构相比，如屏蔽子网体系结构，它也有一些潜在的缺点。主要的缺点是在堡垒主机和内部网络之间缺乏额外的网络安全措施。如果路由器被损害或配置不当，整个网络可能会对攻击者开放，从而造成严重的安全威胁。

（三）屏蔽子网网关

屏蔽子网网关是一种高级的网络安全架构，旨在为私有网络提供更强的安全保护。该架构通过在公共网络和私有网络之间建立一个隔离网，即"停火区"，有效地隔离了两者之间的直接通信。在这个"停火区"内，部署了两个屏蔽组和两个桥头堡主机，这些桥头堡主机是唯一可以直接从受保护网络和外部网络访问的系统。

屏蔽子网网关的理论基础与双穴主机网关相似，但它将这一概念扩展到了整个网络层面。在这种架构中，即使防火墙被破坏，攻击者也面临着极大的挑战，因为他们需要先攻破桥头堡主机，再进入受保护网络中的某台主机，然后才能返回到报文屏蔽路由器，并在这 3 个网络之间进行复杂的配置。这种设计的复杂性大大增加了攻击者的工作难度，从而提高了网络的安全性。

然而，这种架构中的堡垒主机仍然是潜在的安全风险点。由于其本质上是可以被外部网络访问的系统，它成为了攻击者的主要目标。如果内部网络对针对堡垒主机的攻击没有任何额外的防御措施，那么一旦堡垒主机被攻破，攻击者就可以毫无阻碍地进入内部系统。

为了降低这种风险，屏蔽子网网关的设计中采用了隔离策略，将堡垒主机放置在周边网络上，从而减少了堡垒主机被侵入的影响。这种隔离策略的实施，虽然不能完全阻止入侵者，但至少限制了他们能够访问的资源，增加了攻击者进一步渗透网络的难度。

屏蔽子网网关的实施需要网络管理员具备高度的技术专长和安全意识。他们需要精心配置和管理每个网络组件，确保所有的访问控制列表和安全策略都得到妥善地维护和更新。此外，网络管理员还需要定期进行安全审计和监控，以便及时发现并响应任何潜在的安全威胁。

第二节　防火墙的自身安全检测

一、防火墙自身安全的重要性

防火墙作为网络安全的第一道防线，其自身的安全性至关重要。在考虑防火墙的安全性时，需要从多个角度进行审视和分析，以确保其有效性和可靠性。

首先，防火墙本身可能成为攻击者的目标。防火墙是网络中防守最为严密的主机之一。攻击者可能会试图通过各种手段侵入防火墙系统，以获取对网络的控制权或者窃取敏感信息。对防火墙系统的入侵不仅可能导致网络中其他主机的遭受攻击，还可能破坏网络的正常运行，甚至造成系统的崩溃。因此，确保防火墙自身的安全性对于整个网络的安全至关重要。

其次，防火墙的安全性直接影响到网络内部敏感数据的保护。防火墙通常用于保护内部网络免受外部攻击和未经授权的访问。如果防火墙的安全性受到威胁或者被破坏，可能会导致网络内部的敏感数据遭到窃取、篡改或者泄露。这对于企业、政府机构等组织来说都可能带来严重的负面影响，包括经济损失、声誉受损以及法律责任等。

另外，防火墙的安全性还受到安全策略的制定和执行情况的影响。安全策略的失误、管理不善或者工作人员的疏忽可能会导致防火墙配置错误、漏洞未及时修补或者规则不当，从而给攻击者提供了攻击的机会。因此，加强对防火墙安全策略的管理和监控是确保防火墙自身安全的重要手段之一。

二、防火墙自身安全的检测技术

在早期的中大型计算机系统中，审计信息的收集主要用于性能测试或计费等目的，而对于攻击检测提供的有效信息相对较少。这主要源于审计信息的粒度安排不当所带来的困难。审计信息粒度较细时，数据量庞大且细节化，导致有用的信息难以从海量数据中筛选出来。因此，传统的人工检查方式在面对庞大的审计数据时显得无能为力，缺乏实际意义。

被动审计的检测程度也无法保证对攻击企图或成功攻击的全面覆盖。虽然通用的审计跟踪能够提供一些用于攻击检测的重要信息，例如运行何种程序、何时访问或修改了哪些文件，以及内存和磁盘空间的使用情况等，但其可能会漏掉一些与攻击检测相关的重要信息。因此，为了将通用的审计跟踪用于攻击检测的安全目的，就必须配备自动化工具对审计数据进行深入分析，以便及时发现可疑事件或行为的线索，从而提供及时的报警或采取必要的对抗措施。

在实践中，利用自动化工具对审计数据进行分析的过程需要经历一系列步骤。首先，需要建立合适的审计数据收集机制，确保能够获取到全面且准确的审计信息。其次，针对不同类型的审计数据，需要开发相应的数据分析算法和技术，以便从中提取出与攻击检测相关的有用信息。接着，利用这些信息建立起攻击检测的模型和规则库，通过与已知的攻击模式进行比对和匹配，识别出潜在的安全威胁。最后，根据检测到的威胁情报，及时触发报警机制或采取相应的对抗措施，以最大程度地降低潜在攻击对系统安全的威胁。

然而，值得注意的是，虽然自动化工具在审计数据分析中具有重要的作用，但其并非完美无缺。自动化工具可能会存在一定的误报率或漏报率，导致对真正的安全威胁的识别不够准确或及时。因此，在使用自动化工具进行攻击检测时，仍需要结合人工审查和专业判断，以确保对安全事件的准确识别和有效应对。

（一）检测隐藏的非法行为

针对隐藏的非法行为的检测，实时检测系统在网络安全领域中起着至关重要的作用。这些系统的工作原理基于对用户历史行为的建模以及早期的证据或模型，利用审计信息实时监测用户对系统的使用情况，并根据系统内部保持的用户行为概率统计模型进行监测。一旦发现可疑的用户行为，系统会记录并保持跟踪，进而对该用户的行为进行进一步分析。

典型的实时检测系统中，斯坦福国际研究院（SRI）开发的实时入侵检测（IDES）系统展现了较为充分的功能。IDES 系统利用用户以往的历史行为来评估当前行为的合法性，通过生成每个用户的行为记录库，实现对用户行为的自适应学习。IDES 系统能够监测用户的各项行为，包括 CPU 和 I/O 的使用情况、文件操作行为，以及局域网通信等。特别是针对个别用户的特定行为习惯，例如使用编辑器和编译器、常用的系统调用等，IDES 能够自动识别用户异常行为，并发出警报。这种系统不仅实时监测用户的异常行为，还具备处理自适应用户参数的能力，因此在发现用户行为偏离正常模式时能够及时作出反应。

在类似 IDES 的攻击检测系统中，用户行为的各个方面被用作区分正常与异常行为的特征。例如，如果某个用户在正常的上班时间之外使用系统，系统就会产生警报。然而，这种基于行为模式的检测方法可能存在一定的局限性。当合法用户滥用其权限时，系统可能无法有效识别其异常行为，从而陷入"打击扩大化 / 缩小化"的困境。此外，这种方法也适用于检测程序行为以及对数据资源的访问行为，但在面对复杂的攻击手段时，其有效性可能会受到一定程度的挑战。

为了应对这些挑战，攻击检测系统需要不断改进技术手段，完善分析方法，提高对异常行为的准确性和实时性。同时，结合多种技术手段，如行为分析、签名检测和机器学习等，以建立更加健壮和全面的检测机制。此外，加强对合法用户行为的监管和管理，提高系统对滥用权限行为的识别能力，也是确保检测系统有效运行的关键因素。

（二）基于专家系统的攻击检测技术

基于专家系统的攻击检测技术是一种模拟安全专家分析经验的自动化安全检测方法。该技术通过构建一套基于专家知识和经验的推理规则，利用这些规则来形成专家系统，从而实现对潜在攻击行为的自动检测和分析。这种技术的核心在于将安全专家的知识和经验转化为一组可由计算机系统执行的规则和推理逻辑，以便于对网络安全事件进行快速、准确的判断和响应。

专家系统的设计和实现是一个典型的知识工程问题，它依赖于对网络安全领域的深入理解和专家知识的系统化表达。在基于规则的专家系统中，规则的制定通常基于已知的安全漏洞和历史攻击行为。这些规则能够对特定的安全威胁进行识别和响应，例如，在短时间内连续登录失败超过一定次数可能被规则定义为攻击行为。

然而，基于规则的专家系统也存在一定的局限性。由于规则是基于已知漏洞和攻击行为制定的，因此对于未知的安全漏洞和新型攻击手段，专家系统可能无法有效识别和响应。这就要求专家系统具备一定的自学习能力，能够根据新的安全事件和专家的反馈对规则进行扩充和修正。这种自学习能力的实现需要专家的持续参与和指导，以确保系统的有效性和准确性。

基于专家系统的攻击检测技术相比于基于统计技术的审计系统，对历史数据的依赖性较小，系统的适应性和灵活性更强。它可以灵活地适应各种安全策略和检测需求，对新的安全威胁做出快速反应。但是，专家系统的推理机制和谓词演算的可计算问题仍然是当前研究的难点，这些问题的解决对于提高专家系统的性能和应用范围至关重要。

（三）基于神经网络的攻击检测技术

基于神经网络的攻击检测技术是一种新兴的网络安全方法，它旨在通过模拟人脑的神经网络结构来识别和响应网络中的异常行为和潜在攻击。这种技术的发展源于对传统基于审计统计数据的攻击检测系统（如 IDES）存在局限性的认识。由于用户行为的复杂性，传统的统计算法往往难以准确匹配用户的历史行为与当前行为，导致错发警报频发，这些警报的产生往往源于对审计数据的统计分析所基于的不准确假设。

神经网络技术为解决这些一般性问题提供了新的思路。首先，神经网络能够通过学习大量的数据样本来自动识别和建立统计分布，而无需人工指定复杂的统计模型。其次，神经网络具有较好的普适性，能够适应不同的网络环境和用户行为模式。

此外，尽管神经网络的算法实现可能相对复杂，但随着计算能力的提升和算法优化，其实现成本正在逐渐降低。最后，神经网络可以通过训练来精简网络结构，从而避免系统过于臃肿，提高检测系统的效率和实用性。

尽管神经网络技术在攻击检测领域仍处于发展阶段，但它已经展现出了巨大的潜力和优势。神经网络能够处理大规模的数据集，识别出复杂的模式和关联，这对于发现用户的异常行为和潜在攻击至关重要。此外，神经网络还具有自我学习和自我适应的能力，能够随着网络环境的变化不断优化检测策略，提高检测的准确性和效率。

然而，神经网络技术在实际应用中也面临着一些挑战。例如，神经网络的训练需要大量的标记数据，而在实际网络环境中，标记数据的获取可能存在困难。此外，神经网络的内部工作机制可能不够透明，这可能导致安全分析师难以理解和解释网络检测的结果。因此，神经网络技术在攻击检测领域的应用需要结合专业知识和实际经验，不断进行调整和优化。

（四）基于模型推理的攻击检测技术

基于模型推理的攻击检测技术是一种重要的方法，旨在通过建立特定行为模型来监视具有特定行为特征的活动，以检测可能存在的恶意攻击企图。这种技术依赖于对攻击者行为程序的分析，将其构建成特定攻击模型，并通过实时监测系统活动来识别可能的非法用户行为。然而，攻击者的行为不一定都是恶意的，因此在建立模型和推理过程中需要考虑多种可能性，以确保检测的准确性和有效性。

在基于模型推理的攻击检测技术中，首先需要为某些特定的行为建立相应的模型。这些模型可以根据攻击者的行为程序而得，例如猜测口令、扫描端口等，具有一定的行为特征。通过监视系统活动并与预先建立的模型进行匹配，系统能够实时地检测出可能的恶意攻击企图。为了保证准确性，针对不同的攻击者和不同的系统，需要建立特定的攻击脚本，以更好地适应不同的环境和攻击方式。

然而，仅依靠模型推理并不能彻底解决攻击检测问题。在实际应用中，当系统检测到可能的攻击模型时，还需要收集其他证据来进一步证实或否定攻击的真实性。这既要确保不漏报攻击，以防止对信息系统造成实际的损害，又要尽可能地避免错误报警，以免给系统带来不必要的干扰和影响。

因此，为了提高攻击检测的准确性和有效性，建议综合利用各种手段来强化计算机信息系统的安全程序。除了基于模型推理的技术外，还可以采用其他攻击检测手段，如行为分析、签名检测和机器学习等。通过综合运用多种技术手段，并根据系统本身特点选择最适合的检测方法，可以有效地增加攻击成功的难度，提升信息系统的整体安全水平。

第三节　计算机防火墙主要技术分析

一、数据包过滤技术

数据包过滤作为一种重要的访问控制技术，对网络中流入和流出的数据进行选择性通过，其实现基于路由器，并通过设定的安全策略来决定数据包的转发与丢弃。

数据包在网络通信中扮演着重要角色，其构成类似于洋葱，由不同层级的协议连接而成，每一层的包都包含包头和包体两部分。在每个协议层中，包头存储着与该层协议相关的信息，而包体则存储着该层的数据信息，包含上层所有信息。数据包在传输过程中经过应用层、传输层、网络层和网络接口层的处理，即封装过程。在发送端，从上层获取的数据在每个层级上被加上相应的包头后被传输，而在接收端，数据包则需要被解包，即逐层剥离包头以获取数据。

在数据包过滤系统中，对包头的分析是至关重要的。每个数据包的包头包含了与其传输相关的重要信息，因此数据包过滤系统通过分析包头来判断数据包是否符合安全策略的要求。具体来说，在路由器实现数据包过滤时，普通路由器只对目标地址进行简单查看，然后选择最佳路径进行转发，而具有数据包过滤功能的路由器（屏蔽路由器）则会更加细致地检查数据包，并根据设定的安全策略来决定是否允许数据包通过。

（一）数据包的构筑过程

数据包的构筑方法确保了数据能够在网络中正确地传输和处理。在 IP 网络中，数据包的构筑遵循特定的协议层次结构，每一层都会对数据包进行特定的处理，以确保信息的完整性和正确传输。

在数据包的构筑过程中，每一层协议都会对从上层接收到的信息进行处理，并将其作为自己的数据。同时，每一层还会在数据上添加自己的报头，这些报头包含了与该层协议相关的信息。这些信息对于数据包在网络中的传输和处理至关重要，因为它们提供了数据包的源地址、目标地址、协议类型、端口号以及其他控制信息。

具体来说，数据包的构筑过程涉及以下关键步骤：

第一，应用层的处理：在应用层，数据包仅包含将要传输的数据。应用层协议负责将数据封装成特定的格式，并为数据添加必要的应用层报头，这些报头包含了应用层协议所需的控制信息。

第二，传输层的处理：当数据从应用层传递到传输层时，传输层协议会在数据前添加自己的报头。传输层报头通常包括源端口号和目标端口号，这些端口号用于标识发送和接收数据的应用程序。传输层协议还负责提供端到端的通信控制，如流量控制、拥塞控制和错误检测与修复。

第三，网络层的处理：传输层将数据传递到网络层，网络层在数据前添加网络层报头。网络层报头的核心信息包括源 IP 地址和目标 IP 地址，这些地址用于在 IP 网络中路由数据包。网络层协议还负责处理数据包的分片和重组，以适应不同网络的最大传输单元（MTU）。

第四，数据链路层的处理：当数据包到达数据链路层时，该层会在数据前添加数据链路层报头。数据链路层报头包含了必要的控制信息，如帧同步、物理地址、错误检测和流量控制。数据链路层协议负责在相邻网络节点之间传输数据帧，并处理帧的错误检测和重传。

在整个数据包的构筑过程中，每一层协议都遵循特定的规则和标准，以确保数据包在网络中的有效传输。当数据包在接收端被逐层解包时，每一层的报头会被相应地剥去，直到最终恢复为原始的应用层数据。

数据包的构筑方法不仅确保了数据在网络中的有效传输，还为网络管理和安全提供了基础。通过分析数据包的结构和内容，网络管理员可以监控网络流量、检测异常行为并实施安全策略。此外，数据包的构筑方法也为网络协议的标准化和互操作性提供了重要支持，促进了不同网络设备和系统之间的通信和协作。随着网络技术的不断发展和新协议的出现，数据包的构筑方法将继续适应新的网络需求和挑战。

（二）数据包过滤的形式

数据包过滤技术，主要通过对数据包的源地址、目标地址、传输协议以及 ICMP 消息类型等信息进行过滤，以实现对网络流量的管理和控制，主要包括基于地址的过滤、基于协议的过滤以及基于 ICMP 消息类型的过滤等主要形式。

第一，基于地址的过滤是数据包过滤技术中最为简单且常用的一种形式。该过滤技术主要通过限制数据包的源地址或目标地址来控制数据包的流向。例如，可以设置规则以阻止特定外部主机访问内部网络，或者限制特定内部主机与外部网络的通信。这种过滤技术能够有效地阻止不安全连接的建立，从而提高网络的安全性。

第二，基于协议的过滤是另一种常见的数据包过滤技术。该技术基于系统设计原则，根据协议类型对数据包进行过滤和处理。TCP 和 UDP 是 Internet 上最常用的两种协议，而基于协议的过滤主要针对这两种协议进行规则设置。对于 TCP 连接，过滤系统可以根据第一个数据包的 ACK 位来识别连接的建立，并进行相应的过滤操作。而对于 UDP 数据包，由于其报头中没有可靠性传输保证的 ACK 位，过滤系统通常采用动态数据包过滤技术来处理。动态数据包过滤允许系统记住流出的数据包，并根据相应的过滤规则允许相应的响应数据包返回，从而实现对 UDP 数据包的过滤控制。

第三，基于 ICMP 消息类型的过滤也是数据包过滤系统的重要组成部分。ICMP 用于 IP 状态和消息控制，其数据包包含一套已定义好的消息类型代码，而不包含源或目标端口。数据包过滤系统可以根据 ICMP 消息类型字段来过滤和处理 ICMP 数据包。然而，需要注意的是，过滤系统对于违反过滤策略的 ICMP 数据包应采取适当的处理方式，以避免给入侵者提供攻击突破的可能性。

二、代理服务技术

代理服务作为网络通信中的重要组成部分，涉及到在双重宿主主机或堡垒主机上运行特殊协议或一组协议，以代替用户的客户程序直接与外部互联网中的服务器进行通信。其基本原理在于，用户的客户程序通过与代理服务器进行交互，由代理服务器代表用户与真实的服务器进行通信。代理服务器负责判断客户端发送的请求，并根据特定规则决定是否允许传输该请求，若允许，则代理服务器与真实服务器进行交流，并将请求传送至真实服务器，将服务器的回应传送给客户端。

对于用户而言，与代理服务器交互与直接与真实服务器交互没有本质差异，而对于真实服务器而言，它只知道与运行代理服务器的主机上的用户交流，并不了解用户的真实身份或所在位置。代理服务并不需要特殊的硬件设备，但对于大多数服务来说，需要专门的软件支持，这种软件通常由代理服务器程序和客户程序构成。

（一）代理服务的技术原理

代理服务作为构建防火墙的重要技术，在网络安全中发挥着关键作用。其工作原理基于运行在防火墙主机上的专门应用程序或代理服务器程序，其功能在于允许网络管理员对特定的应用程序或应用功能进行允许或拒绝控制。

安装了代理服务器的防火墙通常要求在客户机上安装特定的客户应用程序，用户通过运行特定的应用程序与防火墙上的代理服务器程序进行连接。代理服务器对用户的身份和请求进行合法性验证，若通过验证，则代理服务器代表客户与防火墙外部的真实服务器进行连接，并将客户端的请求转发给服务器。一旦服务器做出应答，代理服务器将应答转发给客户端。对于非法的用户请求，代理服务器则会拒绝建立连接。因此，代理服务器实质上是客户端和服务器之间通信的中介，外部计算机的网络连接只能到达代理服务器，而内部和外部网络之间没有直接连接，即使防火墙出现问题，外部网络也无法直接与被保护的网络连接，从而实现了隔离防火墙内外计算机系统的目的。

值得注意的是，代理服务还提供详细的日志记录和审计功能，这些功能大大提高了网络的安全性能。用户与代理服务器的连接对于客户端和服务器端来说都是透明的，即用户无感知代理服务器的存在，而对外部服务器而言，它只是一个运行在代理服务器上的用户交互，无法知晓用户的真实身份或所在位置。

（二）代理服务的实现方法

代理服务的工作方法在不同的服务中存在着细微的差异，一些服务可以自动地提供代理功能，而对于其他服务，则需要在服务器上安装适当的代理服务器软件。在客户端，实现代理服务通常采用以下两种方法：

第一，定制客户软件，这种方法要求客户端软件具有对代理服务器的连接配置能力。客户软件需要知道如何与代理服务器进行连接，并且需要向代理服务器传达如何与真实服务器进行通信的信息。通过这种方式，客户端软件能够直接与代理服务器进行通信，并且通过代理服务器与真实服务器进行交互。

第二，定制客户过程，采用这种方法时，用户使用标准的客户软件连接到代理服务器，然后通过通知代理服务器与真实服务器建立连接来代替直接与真实服务器的连接。这种方法使得用户可以使用标准的客户软件，而无需对软件进行定制。然而，使用定制过程可能会对用户的操作过程产生一定的限制，例如，一些客户端软件可能无法自动执行匿名FTP操作，因为它们不知道如何通过代理服务器进行操作。此外，对于某些操作较为简单的图形界面程序，可能会由于无法显示用户输入的主机和用户名信息而受到限制。

三、网络地址转移技术

网络地址转移（NAT）是一种网络技术，旨在隐藏内部网络的真实地址，以防止其暴露在公共互联网上。该技术通过将内部网络中的私有 IP 地址映射为公共 IP 地址，使得内部网络的设备能够与互联网进行通信，同时隐藏了内部网络的拓扑结构和真实 IP 地址，从而提高了网络的安全性和隐私性。

NAT 的主要目标之一是克服 IPv4 地址空间的限制，因为 IPv4 地址数量有限，不足以满足现代网络中设备数量的增长需求。通过 NAT 技术，内部网络可以使用未注册的私有 IP 地址，而将这些私有 IP 地址映射为公共 IP 地址，从而使得内部网络的设备可以访问互联网，而无需为每个设备分配独立的公共 IP 地址。

实现 NAT 的关键是地址映射，即将内部网络的私有 IP 地址映射为公共 IP 地址。这可以通过两种方式实现：①静态地址分配，也称为端口转发，通过这种方式，NAT 为内部网络的每个客户端分配一个固定的公共 IP 地址。这种方式适用于需要特定服务或端口映射的场景，例如将内部网络中的 Web 服务器暴露在互联网上。②动态地址分配，也称为自动模式、隐藏模式或 IP 伪装，通过这种方式，NAT 会动态地为访问外部网络的客户端分配公共 IP 地址。当客户端发起外部连接时，NAT 会为其分配一个公共 IP 地址，并在会话结束后或超时后将该地址返回到地址池，以供下一次分配使用。这种方式能够更好地利用 IP 地址资源，实现 IP 地址的复用。

NAT 可以以单向或双向方式工作。在单向方式下，NAT 为内部网络的客户端分配一个公共 IP 地址，并将内部网络的请求转发到互联网上；在双向方式下，NAT 不仅将内部网络的请求转发到互联网上，还可以修改目的 IP 地址，使得外部网络的响应可以正确返回到内部网络的服务器。

（一）网络地址端口转换

网络地址端口转换（NAPT）是一种在基本网络地址转换（NAT）基础上进一步发展的技术，旨在扩大允许的外部连接数，而不需要增加分配给 NAT 的 IP 地址数。通过 NAPT 技术，可以实现在单个公共 IP 地址下为局域网（LAN）中的多个客户端提供服务，从而有效地利用 IP 地址资源，提高了网络的可扩展性和灵活性。

在传统的 NAT 中，只对 IP 地址进行转换，而端口号保持不变。然而，在 NAPT 中，除了对 IP 地址进行转换外，还会对源端口号进行转换。这样，即使多个内部客户端使用相同的公共 IP 地址进行外部连接，也可以通过改变源端口号来唯一地标识每个连接，从而避免了端口冲突和地址资源浪费。

NAPT 服务器维护着一张转换表，其中记录了内部客户端的连接信息以及其对应的外部 IP 地址和唯一端口号。当内部客户端发起外部连接时，NAPT 会将内部客户端的私有 IP 地址和源端口号映射为公共 IP 地址和唯一端口号，并将这些信息记录在转换表中。当外部服务器向内部客户端发送响应时，NAPT 会根据转换表将响应正确地转发给对应的内部客户端。

通过 NAPT 技术，可以实现一对多的地址转换，即多个内部客户端共享同一个公共 IP 地址，但通过不同的源端口号与外部服务器进行通信。这种方式极大地扩展了允许的外部连接数，提高了网络的性能和资源利用率，同时减少了 IP 地址的消耗。

（二）隐藏局域网信息

NAT 技术作为一种网络地址转换技术，在隐藏局域网（LAN）信息方面发挥着重要作用。通过 NAT，内部网络的真实 IP 地址得以隐藏，从而增强了网络的安全性和隐私性，使外部网络主机难以直接访问到内部网络的详细信息。然而，尽管 NAT 在提供隐私保护方面具有显著优势，但在某些情况下，一些特殊的应用程序和协议可能会绕过 NAT 的保护机制，从而暴露内部网络的信息。

一方面，虽然 NAT 可以有效地隐藏客户端的真实 IP 地址，使其从未在互联网上公开使用，但一些特殊的应用程序或协议可能会将源地址和目标地址嵌入到数据包的数据部分中。例如，大多数的 ICMP 包（Internet Control Message Protocol），如目标不可达包和参数错误包，会将原始 IP 包作为数据的一部分。这意味着，即使通过 NAT 进行地址转换，也无法隐藏内部网络的真实 IP 地址，因为这些信息已经嵌入到数据包中。为了解决这个问题，NAT 服务器需要能够识别并修改这些特殊类型的数据包。具体来说，需要对携带 ICMP 报文的 IP 包的报文头部信息进行修改，并修改其中嵌入的原始 IP 信息，以确保网络地址转换的有效性和隐私保护的完整性。

另一方面，在评估使用 NAT 技术的产品时，需要注意确保产品支持网络所需的所有服务。虽然 NAT 可以有效地隐藏内部网络的信息，但某些特殊的网络服务可能需要特定的配置和支持，以确保其正常运行。因此，在选择和部署 NAT 技术时，需要参考相关文档，并确保所选产品能够满足网络的需求，包括对特殊应用程序和协议的支持，以保证网络的安全性和稳定性。

（三）增加局域网地址空间

NAT 技术的另一个显著优势在于其能够极大地增加内部网络的地址空间。在

NAT 出现之前，每个连接到互联网的主机都必须拥有自己的唯一 IP 地址。然而，如果两个连接到互联网的网络使用相同的地址，就无法决定如何对这些数据包进行路由，这会导致网络通信的混乱和不稳定。

通过使用 NAT，网络管理员可以充分利用互联网号码分配局（IANA）保留的地址区间。不再局限于使用只有 256 个地址的 C 类地址，而是可以使用一个保留的 A 类地址。这意味着任何人都可以使用相同的地址范围，因为 NAT 会将内部私有地址转换为有效的互联网地址。在使用基本的 NAT 时，需要保留一个有效的地址范围以供转换；而在使用 NAPT 时，可以只使用几个地址，因为 NAPT 会改变端口号，从而为内部网络建立更多的连接，进一步提高了地址空间的利用率。

此外，NAT 技术的广泛应用也对 IPv4 地址池即将耗尽的问题起到了一定程度的缓解作用。随着互联网的快速发展，IPv4 地址资源的稀缺性已经成为一个日益严重的问题。然而，通过 NAT 技术，每个网络并不需要为其中的每台主机分配一个唯一的 IP 地址，而是可以共享一组有限的 IP 地址，从而有效地延长了 IPv4 地址的使用寿命，减轻了地址资源的压力。

（四）地址向量与负载平衡

地址向量类似于 NAT，其功能在于实现多服务器负载均衡。以一个高流量的 Web 站点为例，其每天的访问量庞大，即便使用一台配置庞大的服务器，配备多个 CPU 和 RAID 结构，仍然会面临性能瓶颈的挑战。尽管服务器规模再大，总有一个极限，一旦负载超出该极限，系统便无法满足用户的请求。对于这样一个大型互联网站点来说，仅依赖单一服务器显然是不切实际的。

解决这一问题的方法之一是采用多服务器架构，并为每台服务器分配不同的 IP 地址和 DNS 名称。然而，这种方法并不十分实用，因为客户端需要了解站点的每个主机名，并在一个连接失败后手动尝试另一个服务器，直至获得满意的响应。

在这种情况下，使用地址向量技术可以实现负载均衡，将流入的请求均匀地分配给多个服务器。从客户端的角度来看，所有操作都好像是与同一台服务器进行通信一样，因为它们只需要一个 DNS 名称和 IP 地址即可。地址向量的工作原理类似于 NAT，它将一个流入的 IP 地址转换为内部局域网中的多个 IP 地址，从而实现了负载平衡。利用支持地址向量的代理应用程序，可以分析客户请求，确定最适合响应该请求的服务器。

因此，地址向量技术为网络系统提供了一种有效的负载均衡机制，使得大型

Web 站点能够更好地应对高流量的挑战，提高了系统的性能和稳定性。

四、内容屏蔽与阻塞技术

内容屏蔽与阻塞技术是近年来网络管理中备受关注的一项重要议题，其主要功能是允许管理员针对内部网络的用户对特定网站或特定内容进行限制或阻止。这种技术的实现可以通过不同的方法，包括针对特定 URL 地址的阻塞、针对特定内容类别的阻塞以及针对嵌入内容的阻塞等方式。

首先，URL 地址阻塞是一种常见的内容屏蔽技术，它允许管理员指定要阻止的具体 URL 地址。然而，这种方法的缺点在于互联网上的 URL 地址不断变化，每天都有大量的页面被创建和更新，因此管理员很难跟踪和审查所有新页面的内容，从而导致了一定的局限性。

其次，类别阻塞是另一种常见的内容屏蔽方式，它允许管理员指定阻止包含特定内容类别的数据包。通过这种方式，管理员可以根据内容的性质来进行屏蔽，从而实现对网络访问的精细化控制。

另外，一些代理软件应用程序还可以设置为阻止包含特定嵌入内容的 Web 请求响应，例如 Java、ActiveX 控件等。这些嵌入内容可能存在安全隐患，因为它们有可能在本地计算机上运行应用程序，从而被黑客利用来获取访问权限，因此需要进行有效的屏蔽。

然而，需要指出的是，内容阻塞技术并非完美无缺，不能作为阻止所有数据流进入内部网络的唯一手段。尽管管理员可以列出大量的 URL 地址来阻止用户的访问，但有经验的用户可以通过直接使用服务器的 IP 地址来规避这种限制。此外，内容阻塞只能识别已知的问题，对于新出现的病毒威胁无法有效应对，因此还需结合其他安全防御措施，如安装优秀的病毒防护软件，及时升级系统等，以提高网络的整体安全性。

第四节　计算机入侵检测技术与防御系统

一、计算机入侵检测技术的模型及分类

入侵检测系统（IDS）作为一种关键的网络安全技术，其功能在于主动发现和识别网络中的入侵行为，从而及时采取相应的应对措施。通过对计算机网络或系统中关键点的信息收集和分析，入侵检测系统能够判断是否存在违反安全策略的行为以及是否受到攻击的迹象。入侵检测技术的实现依托于对网络数据的收集和分析，以及对异常行为的识别和告警。"计算机网络应用的不断普及，使得网络安全维护管理工作重要性逐渐凸显出来，入侵检测技术作为有效提升计算机网络安全的技术手段，开始得到业界重视。"[①]

首先，入侵检测技术通过从计算机系统的若干节点获取信息，对数据进行分析，并判断是否存在违反安全策略的行为。这一过程涵盖了对网络流量、系统日志、用户行为等多个方面的监测和分析，旨在发现潜在的入侵行为，并对其进行不同级别的告警和处理。入侵检测系统在此过程中起到了主动保护网络安全的作用，能够对外部攻击、内部威胁以及误操作等情况进行全面的监控和分析。

其次，入侵检测技术的作用体现在多个方面。它能够监控和分析用户和系统的活动，评估关键系统和数据文件的完整性，识别攻击的活动模式，对异常活动进行统计分析，以及对操作系统进行审计跟踪管理，识别违反政策的用户动作。通过这些功能，入侵检测系统能够全面了解网络环境的安全状况，及时发现和应对各种潜在的安全威胁。

此外，入侵检测系统不仅仅是 passively waiting 被动等待攻击的发生，而是 actively 在网络中主动监测和识别潜在的安全威胁，为网络安全提供及时的保障。虽然入侵检测系统一般不采取预防措施来防止入侵事件的发生，但其在识别入侵者、入侵行为，监视安全突破，及时提供重要信息等方面发挥了重要作用，为网络安全

---

① 潘力.入侵检测技术在计算机网络安全维护中的运用分析［J］.信息记录材料，2023，24（4）：125-127.

提供了有效的补充和支持。

（一）入侵检测技术模型

入侵检测技术模型的演进经历了集中式、层次式和集成式三个阶段，每个阶段都对应着特定的入侵检测模型的发展和应用。这些模型在不同阶段的提出与发展，为入侵检测领域的研究和实践提供了重要的理论和方法支撑。

首先，Denning 入侵检测模型是入侵检测技术发展的开端，该模型是一个基于主机的入侵检测模型。Denning 模型的核心思想是通过对主机事件的学习和规则匹配，识别出异常入侵行为。该模型主要包括主体、对象、审计记录、活动剖面、异常记录和规则集处理引擎等六个部分，通过规则匹配实现对入侵行为的检测与识别。

其次，层次式入侵检测模型在对入侵检测技术进行进一步探索和优化时应运而生。该模型将入侵检测系统分为数据层、事件层、主体层、上下文层、威胁层和安全状态层等六个层次，通过对收集到的数据进行加工抽象和关联操作，实现了对跨域单机的入侵行为识别，并提高了检测效率和准确性。

最后，管理式入侵检测模型是针对多个 IDS 协同工作的问题提出的解决方案。该模型以 SNMP 协议为基础，实现了不同 IDS 之间的消息交换和协同检测。通过 SNMP-IDSM 模型，各个 IDS 可以共享信息资源，实现更加高效和全面的入侵检测，提高了网络安全防护的整体水平。

（二）入侵检测技术分类

入侵检测技术在实践中根据不同的标准和方法被划分为多种类型，这些分类方式包括了对系统各个模块运行分布的分类、检测对象的分类以及所采用的技术分类等。

首先，根据各个模块运行分布方式的分类，入侵检测技术可以分为集中式入侵检测系统和分布式入侵检测系统两类。集中式入侵检测系统的各个模块都在一台主机上运行，适用于网络环境相对简单的情况；而分布式入侵检测系统的各个模块分布在网络中不同的计算机和设备上，适用于网络环境复杂或数据流量较大的情况。这种分类方式主要考虑了入侵检测系统在不同网络环境下的部署和运行方式。

其次，根据检测对象的分类，入侵检测技术可以分为基于主机的 IDS 和基于网络的 IDS 两类。基于主机的 IDS 主要从主机获取数据，通过监测系统日志、应用程序日志等渠道来发现入侵行为，保护系统主机的安全；而基于网络的 IDS 主要监测整个网络中传输的数据包，通过分析网络数据包来发现入侵行为，保护网络中的各台计算机。这种分类方式主要考虑了入侵检测系统所监测的数据来源。

最后，根据所采用的技术进行分类，入侵检测技术可以分为异常检测和误用检测两类。异常入侵检测系统通过将系统正常行为作为标准，监测和比较活动与正常行为的差异来发现入侵行为；误用入侵检测系统则通过收集非正常操作行为，建立攻击特征库，依据攻击特征进行匹配来发现入侵行为。这种分类方式主要考虑了入侵检测系统所采用的检测策略和方法。

二、计算机入侵防御系统与入侵管理系统

随着计算机网络的快速发展，网络安全风险日益加剧，对网络安全的需求也变得越来越迫切。防火墙曾经是网络安全的主要防御手段，然而随着网络攻击手段的不断演变和复杂化，防火墙已经无法满足对网络安全的全面保护。因此，入侵检测系统（IDS）作为对防火墙的有益补充，成为了网络安全体系中的重要组成部分。IDS 的出现极大地增强了网络系统的安全管理能力，包括安全审计、监视、攻击识别和响应等方面，提高了信息安全系统的整体完整性。

IDS 被视为防火墙之后的第二道安全防线，其作用主要体现在快速发现网络攻击、防范内部和外部攻击以及避免误操作等方面。相较于防火墙，IDS 能够在不影响网络性能的情况下对网络进行实时监控和分析，从而及时发现潜在的安全威胁。其能力不仅限于检测已知攻击模式，还能发现新型威胁和未知攻击手段，为网络安全提供了更全面的保护。

随着技术的不断进步和发展，IDS 正在向着新的方向迈进，入侵防御系统（IPS）和入侵管理系统（IMS）应运而生。这些新技术基于传统的 IDS 技术，但在其基础上进行了进一步的完善和扩展。入侵防御系统具有主动防御的能力，能够及时对检测到的攻击行为做出实时响应，从而有效阻止攻击者进一步侵入网络系统。入侵管理系统则提供了更加综合和智能化的安全管理功能，能够对网络安全事件进行全面的监控、分析和管理，为系统管理员提供更加便捷和有效的安全管理手段。

（一）入侵防御系统 IPS

入侵防御系统（IPS）作为计算机网络安全设施的重要组成部分，在网络安全领域发挥着不可替代的作用。相较于传统的防火墙和入侵检测系统（IDS），IPS 提供了更加主动和全面的安全防护机制，能够在网络中及时拦截和阻止恶意网络流量，从而有效防范各种网络攻击行为，保障网络系统的安全性和稳定性。

传统的防火墙主要通过实施访问控制策略对网络流量进行检查和过滤，但其仍然存在着一定的局限性，无法有效应对复杂和变化多端的网络攻击。而入侵检测系统（IDS）虽然能够监视网络流量，发现异常行为并发出警报，但其属于被动防御手段，往往只能在攻击发生后才能做出响应，无法阻止攻击的实际发生。

相比之下，入侵防御系统（IPS）更加倾向于提供主动防护，其设计宗旨是在攻击发生之前即时拦截和阻止恶意网络流量，避免其造成损失。IPS采用串联部署方式，直接嵌入到网络流量中进行检查和过滤，对于发现的攻击行为能够立即做出相应的阻断处理，从而有效保护网络系统的安全。与IDS相比，IPS的工作原理更为主动，对每个网络数据包进行实时检查和过滤，能够在发现攻击时自动阻止攻击的发生，为网络安全提供了更加可靠的保障。

然而，入侵防御系统（IPS）在实际应用中也面临着一些挑战和限制。首先，IPS存在着单点故障的风险，一旦IPS设备出现故障，可能会对整个网络系统造成严重影响。其次，IPS的工作性能可能会受到限制，特别是在高流量网络环境下，可能会出现性能瓶颈问题。此外，IPS系统还面临着误报和漏报的困扰，即可能会误将正常流量误判为攻击行为，或者漏报某些攻击行为，影响了其准确性和可靠性。

（二）入侵管理系统IMS

入侵管理系统（IMS）作为一种综合性的网络安全技术，融合了入侵检测系统（IDS）和入侵防御系统（IPS）的功能，并通过统一的平台进行统一管理，从系统的层次来解决入侵行为。IMS技术的实施旨在通过一系列有序的措施，有效预防、检测和应对网络入侵事件，保障网络系统的安全和稳定运行。

第一，IMS具备大规模部署的特征。大规模部署是实施入侵管理的基础条件，通过在网络中广泛部署IMS系统，能够实现对网络安全的全面监控和管理，从而更有效地发现和应对潜在的安全威胁。IMS系统的大规模部署能够将各个节点的安全监控能力有机整合起来，形成一个完整的网络安全保护体系，为网络安全提供更为坚实的基础支撑。

第二，IMS具备入侵预警的能力。入侵预警是IMS系统的重要功能之一，通过先进的检测技术和全面的检测途径，能够及时发现并预警网络中的潜在入侵行为，从而尽可能缩短攻击者与系统响应之间的时间差，减小损失并保障网络安全。入侵预警的快速响应能力是IMS系统的核心优势之一，也是其在网络安全防护中不可或缺的功能。

第三，IMS 具备精确定位的特性。在发生入侵事件后，IMS 能够通过精确的定位功能，帮助管理人员及时准确地确定问题的区域和来源，并实现对入侵行为的有效控制和应对。精确定位功能的实现不仅有助于降低入侵事件的影响范围，还能通过关联其他安全设备，进一步阻止攻击的持续发生，提升网络安全的整体防护水平。

第四，IMS 具备监管结合的特点。监管结合是 IMS 系统的管理模式之一，通过将检测提升到管理的层面，形成自改善的全面保障体系。IMS 系统通过对资产风险的评估和管理，实现对网络安全状况的全面监管和有效管理。监管结合不仅需要依靠人员的实施，还需要具备良好的集中管理手段和全面的知识库和培训服务，以提高管理人员的知识和经验，保证应急体系的高效运行。

第五章　网络漏洞扫描与网络攻击防御技术

第一节　网络漏洞扫描的原理与工具

一、网络漏洞扫描技术

"漏洞扫描技术可以有效防止网络恶意攻击计算机网络的安全技术，对于计算机网络安全具有非常重要的意义。"[①] 每个计算机系统都有漏洞，攻击者总可以发现一些可利用的特征和配置缺陷。漏洞大体上分为两大类：①软件编写错误造成的漏洞；②软件配置不当造成的漏洞。漏洞扫描工具均能检测这两种类型的漏洞。安全漏洞扫描是网络安全防护技术的一种，其可以对计算机网络内的网络设备或终端系统和应用等进行检测与分析，查找出其中存在的缺陷的漏洞，协助相关人员修复或采取必要的安全防护措施来消除或降低这些漏洞，进而提升计算机网络的安全性能。

（一）安全漏洞的类型

1. 基于威胁类型的分类

在信息安全领域中，对威胁类型进行分类是理解和应对潜在风险的关键步骤。这些威胁类型包括但不限于获取控制、获取信息和拒绝服务，每一种都拥有其独特的特征和影响。

（1）获取控制类威胁是其中最为严重的一类，其安全漏洞可导致程序执行流程被劫持，转而执行攻击者指定的任意指令或命令，进而实现对应用系统或操作系统的全面控制。此类威胁不仅影响系统的机密性和完整性，更在必要时能影响系统的可用性。其主要来源包括内存破坏类和CGI类漏洞，这些漏洞往往由编程错误或配

---

① 李江灵.计算机网络安全中漏洞扫描技术的研究［J］.电脑编程技巧与维护，2021（06）：168.

置不当引起，攻击者利用这些漏洞可以轻易获取对系统的控制权。

（2）获取信息类威胁则主要聚焦于数据的泄露问题。这类安全漏洞能导致程序访问预期外的资源，并将这些敏感信息泄露给攻击者，从而严重影响系统的机密性。其主要来源是输入验证类和配置错误类漏洞，这些漏洞使得攻击者能够绕过正常的安全机制，获取到原本不应被访问的数据。

（3）拒绝服务类威胁则是通过使目标应用或系统暂时或永久性地失去响应正常服务的能力，从而影响系统的可用性。其主要来源包括内存破坏类和意外处理错误处理类漏洞，这些漏洞可以导致系统资源被耗尽或关键服务被阻塞，使得合法用户无法正常访问和使用系统。

2. 基于利用位置的分类

在信息安全领域中，基于利用位置的分类对于漏洞的识别与防范至关重要。其中，本地漏洞与远程漏洞因其利用环境的不同，呈现出各自独特的风险特性与攻击模式。

（1）本地漏洞。本地漏洞特指那些需依赖操作系统级有效账号登录至本地环境后方能利用的漏洞。这类漏洞的核心构成在于权限提升类漏洞，攻击者通常先以普通用户身份登录系统，随后通过精心构造的攻击载荷或利用系统存在的安全缺陷，将自身的执行权限由普通用户级别提升至管理员级别，从而实现对系统的完全控制。由于本地漏洞涉及权限的逐步攀升，因此其攻击过程往往更为复杂，但一旦成功，将带来极大的安全风险。

（2）远程漏洞。远程漏洞则无需系统级的账号验证，仅凭网络访问即可实现对目标系统的利用。这类漏洞通常涉及网络服务的脆弱性，如 RPC 服务端口的安全缺陷。攻击者可远程访问这些服务端口，无需用户验证便能利用漏洞，以系统权限执行任意指令，实现对目标系统的完全控制。远程漏洞的存在无疑增加了系统的暴露面，使得攻击者能够跨越物理空间的限制，实施远程攻击。

（二）安全漏洞扫描技术的分类

1. 基于暴力的用户口令破解法

（1）POP3 弱口令漏洞扫描。POP3 作为电子邮件系统中广泛应用的协议，其安全性对于保护用户信息至关重要。针对 POP3 弱口令漏洞的扫描，是确保邮件系统安全的重要环节。

在进行 POP3 弱口令漏洞扫描时，首要任务是构建一个用户标识与密码的文档。这个文档不仅包含常见的用户标识和登录密码，还需具备实时更新的能力，以适应不断变化的攻击模式。该文档作为扫描的基础，提供了潜在的弱口令组合，为后续的扫描操作提供了依据。

扫描过程中，扫描器需要与 POP3 协议所使用的目标端口建立连接，并检测该协议是否处于认证状态。一旦连接建立，扫描器将按照预设的流程进行操作。将用户标识发送给目标主机，然后分析目标主机返回的应答结果。若结果中包含失败或错误信息，说明该标识错误或不可用；若结果中包含成功信息，则表明身份认证通过，此时扫描器将进一步向目标主机发送登录密码。

通过不断发送用户标识和密码组合，并分析目标主机的应答结果，扫描器能够逐步判断出哪些用户名和密码组合是有效的。这种方式能够有效地查找出计算机网络中存在的弱用户名与密码，为系统管理员提供重要的安全信息。

（2）FTP 弱口令漏洞扫描。FTP 作为一种广泛应用的文件传输协议，其安全性一直备受关注。FTP 弱口令漏洞扫描是确保 FTP 服务器安全性的重要环节，它能够有效发现因用户设置简单或易猜密码而引发的安全风险。

在进行 FTP 弱口令漏洞扫描时，首要任务是建立与目标 FTP 服务器的 Socket 连接。Socket 连接是 FTP 协议进行数据传输的基础，它确保了客户端与服务器之间的稳定通信。一旦连接建立成功，扫描器将发送用户名请求，这里包括匿名指令和用户指令两种类型。

如果 FTP 服务器允许匿名登录，扫描器将利用匿名指令尝试直接登录。匿名登录是 FTP 协议的一种特性，它允许用户无需身份验证即可访问服务器上的部分文件。然而，这也为攻击者提供了潜在的机会，他们可能利用匿名登录权限进行未经授权的文件访问或下载。

若 FTP 服务器不允许匿名登录，扫描器则需采用类似 POP3 口令破解的方式进行漏洞扫描。这通常涉及发送一系列预设的用户名和密码组合，尝试破解 FTP 服务器的登录验证机制。这种方法的有效性取决于预设用户名和密码组合的质量和数量，以及 FTP 服务器用户密码设置的复杂性和多样性。

通过 FTP 弱口令漏洞扫描，可以及时发现并解决因弱口令引发的安全风险，提高 FTP 服务器的安全性。同时，这也提醒我们，在设置 FTP 服务器用户密码时，应尽可能选择复杂且不易被猜测的密码，以降低被破解的风险。

2. 基于端口扫描的漏洞分析法

基于端口扫描的漏洞分析法是网络安全领域一种重要的技术手段，它通过对目标主机的特定端口发送特定信息，收集并分析返回的端口信息，从而判断目标主机中是否存在潜在的安全漏洞。这种方法的核心在于通过对端口的探测，揭示出目标系统的潜在风险，并为后续的漏洞修复提供精准的指向。

在网络通信中，端口扮演着至关重要的角色，它们是数据传输的入口和出口。不同的端口对应着不同的服务，而这些服务往往存在着各种潜在的安全风险。因此，对端口的扫描和分析，成为发现安全漏洞的重要手段。

在端口扫描过程中，扫描器会向目标主机的特定端口发送特定的数据包，并观察目标主机的响应。通过分析这些响应，扫描器可以获取到关于目标主机端口状态、服务类型以及可能存在的安全漏洞等信息。这些信息对于后续的漏洞分析和修复至关重要。

以 UNIX 系统为例，Finger 服务是一种常见的公开信息服务，它允许用户查询其他用户的信息。然而，如果 Finger 服务没有得到妥善的配置和管理，就可能成为攻击者获取敏感信息的入口。因此，对 Finger 服务的扫描是 UNIX 系统安全漏洞分析的重要一环。通过扫描 Finger 服务的端口，可以判断该服务是否开放，进而分析其可能存在的安全风险，并采取相应的措施进行漏洞修复。

二、漏洞扫描技术的原理

（一）脆弱点扫描

1. 基于插件的扫描

基于插件的扫描是一种通过调用由脚本语言编写的子程序模块来执行扫描任务的方法。这种方法为脆弱点扫描软件的功能增强和更新维护提供了便利和灵活性。

添加新的功能插件是基于插件的扫描的核心特性之一，通过添加新的功能插件，扫描程序可以获得新的功能，或者扩展可扫描脆弱点的类型与数量。例如，可以添加用于检测新型漏洞的插件，或者添加用于扫描特定网络设备或应用程序的插件。这种灵活性使得扫描软件能够根据用户的需求和实际情况进行定制，提高了扫描的覆盖范围和准确性。

基于插件扫描的特性是插件的升级能力。通过升级插件，可以更新脆弱点的特征信息，从而使扫描结果更加准确和可靠。随着安全威胁的不断演变和新漏洞的不断出现，及时更新插件是保持扫描软件有效性的关键。插件技术使得扫描软件的升级维护变得相对简单，只需更新相关的插件即可，而无需对整个软件进行重大修改或重新编译，从而节省了时间和资源。

此外，专用脚本语言的使用也大大简化了编写新插件的编程工作。专用脚本语言通常具有简洁、灵活的语法和丰富的库函数，能够方便地实现各种功能需求。开发人员可以根据自己的经验和需求，快速编写出高效可靠的插件，为扫描软件提供更多样化、更专业化的功能支持。

2. 基于脆弱点数据库的扫描

在进行 FTP 弱口令漏洞扫描前，需要构建一个适当的扫描环境模型，该模型包括系统可能存在的脆弱点、过往黑客攻击案例以及系统管理员的安全配置等方面的建模与分析。

系统可能存在的脆弱点包括但不限于默认账户密码未更改、弱密码策略、未及时打补丁的漏洞等。过往黑客攻击案例可以通过分析已知的攻击行为和方法，了解到攻击者可能利用的漏洞和技术手段。系统管理员的安全配置包括 FTP 服务器的访问控制、日志监控、密码策略设置等方面，这些配置将直接影响系统的安全性。

基于对环境模型的分析结果，可以生成一套标准的脆弱点数据库及匹配模式。脆弱点数据库应包含已知的 FTP 服务器漏洞、常见的弱口令列表、常见的攻击手段等信息。匹配模式则是一系列用于检测系统中可能存在的脆弱点的规则或算法，可以根据脆弱点数据库中的信息来构建。

通过程序基于脆弱点数据库及匹配模式自动进行扫描工作。扫描程序可以模拟黑客攻击的行为，自动向目标 FTP 服务器发送登录请求，并根据匹配模式来检测是否存在脆弱点。扫描程序应具备良好的稳定性和效率，能够快速准确地识别系统中的安全问题。

脆弱点扫描的准确性取决于脆弱点数据库的完整性及有效性。因此，在构建和维护脆弱点数据库时，需要及时更新最新的安全补丁信息、攻击案例和漏洞信息，以确保扫描工作的准确性和可靠性。同时，扫描程序也需要定期更新，以适应不断变化的网络安全威胁和攻击技术。

（二）防火墙规则探测

防火墙规则探测是网络安全评估中的重要环节，旨在评估和验证防火墙的配置是否符合预期，并发现可能存在的安全漏洞或配置错误。该过程涉及对防火墙规则进行系统化的审查和测试，以确保其能够有效地过滤和管理网络流量，从而保障网络的安全性和可靠性。

第一，防火墙规则探测需要建立一个完整的防火墙规则库，其中包含了所有防火墙设备的配置信息和规则集。这些规则集通常由网络管理员在配置防火墙时定义，用于控制网络流量的进出和转发，包括允许或拒绝特定 IP 地址、端口、协议等的访问。通过对规则库的审查，可以了解到防火墙的基本设置和策略。

第二，防火墙规则探测需要对规则库中的每一条规则进行测试和验证。这包括检查规则的正确性、完整性和一致性，以及评估规则是否存在冲突或重叠。测试的方法通常包括端到端的流量测试、协议级别的检查、应用层数据包的分析等。通过这些测试，可以发现可能存在的安全漏洞或配置错误，如误操作导致的规则失效、过于宽松的规则设置、未经授权的访问等。

第三，防火墙规则探测还需要考虑到防火墙的实际运行环境和网络拓扑结构。因为防火墙通常部署在复杂的网络环境中，并与其他安全设备和系统相互交互，因此需要考虑到这些因素对防火墙规则的影响。例如，可能存在多个防火墙设备之间的规则交叉影响、网络拓扑变化导致的规则失效等情况。

第四，防火墙规则探测需要定期进行，并及时更新规则库和测试方法。随着网络环境的不断变化和安全威胁的不断演变，防火墙规则也需要不断地进行优化和调整。因此，定期的规则探测和评估工作是保障网络安全的重要组成部分，有助于及时发现和解决潜在的安全问题，提高网络的安全性和可靠性。

三、常用扫描工具

（一）Nmap

Nmap（网络映射器）是一款用于网络发现和安全审计的网络安全工具，它是一款自由软件。通常情况下，Nmap 的用途主要包括：①列举网络主机清单；②管理服务升级调度；③监控主机；④服务运行状况。

Nmap 可以检测目标主机是否在线、端口开放情况、侦测运行的服务类型及版本信息、侦测操作系统与设备类型等信息。它是网络管理员必用的软件之一，用以评估网络系统安全。系统管理员可以利用 Nmap 来探测工作环境中未经批准使用的服务器，黑客通常会利用 Nmap 来搜集目标计算机的网络设定，从而计划攻击的方法。Nmap 通常用在信息搜集阶段，用于搜集目标主机的基本状态信息。扫描结果可以作为漏洞扫描、漏洞利用和权限提升阶段的输入。

（二）Retina

Retina 作为一款网络安全扫描软件，以其自动修复漏洞和高度可定制的助手工具而备受关注。其中最引人注目的特点在于其自动修复功能，该功能建立在一个全面且详尽的安全漏洞数据库之上，能够自动识别并修复众多检测出的漏洞。这种自动修复的能力为用户节省了大量的时间和人力成本，有效地提升了网络安全的整体水平。

另外，Retina 还提供了一系列高度可定制的助手工具，使得客户能够根据自身需求和内部安全规则，强制执行各种安全措施，如防病毒部署和企业标准注册表的设置等。这些助手工具的灵活性和定制性使得 Retina 适用于不同行业和组织，能够满足各种复杂网络环境下的安全管理需求。

在学术性方面，Retina 所依赖的安全漏洞数据库不断更新，以确保其扫描和修复功能的时效性和准确性。这意味着 Retina 能够及时发现和应对新出现的安全漏洞和威胁，为用户提供了强大的安全保障。此外，Retina 的助手工具设计灵活，能够根据不同组织和行业的特定需求进行定制，体现了其高度的专业性和适应性。这使得 Retina 成为了网络安全领域的领先者，受到了众多全球知名公司和政府部门的青睐和广泛应用。

（三）SATAN

安全管理员的网络分析工具（SATAN）是一个专为 UNIX 环境设计的综合性工具，旨在帮助安全管理员搜集网络主机信息、识别安全问题并提供解决方案。SATAN 采用 C 和 Perl 语言编写，以确保高效性和可扩展性，并融入 HTML 技术以提供友好的用户界面和便捷的操作方式。

SATAN 具备多样化的目标选择方式，用户可以灵活选择需要扫描的目标主机，并通过直观清晰的表格形式展示扫描结果。一旦发现安全漏洞，SATAN 会立即显示相应的提示文字，帮助用户及时发现潜在的安全威胁。

在 SATAN 的设计中，特别强调了对安全问题的分析和解释。对于每个发现的安全问题，SATAN 不仅提供了问题的解释，还分析了可能对系统和网络安全造成的潜在影响，并在附带的资料中指导用户如何处理这些问题。这种细致入微的分析能够帮助管理员全面了解安全威胁的性质和严重程度，从而更有针对性地制定应对措施。

另外，SATAN 展现出了良好的兼容性和可移植性。尽管它是专为 UNIX 环境设计的，但无需大规模修改代码即可轻松移植到其他非 UNIX 平台上使用。这种设计考虑到了不同系统环境下安全管理的需求，为用户提供了更加便捷和灵活的选择。

第二节　物理与逻辑网络隔离技术分析

一、物理网络隔离技术分析

（一）物理隔离卡

物理隔离卡又称网络安全隔离卡，是物理网络隔离的低级实现形式，属于端设备物理隔离设备，通过物理隔离的方式来保证，在两个网络进行转换时，计算机的数据在网络之间不被重用。物理隔离卡包括双硬盘物理隔离卡和单硬盘物理隔离卡。

1. 双硬盘物理隔离卡

在现有的计算机系统中增加一个硬盘，并通过隔离卡上的控制和开关电路，使得工作站能够在内网和外网之间实现双重工作状态。这两种状态是完全物理隔离的，确保数据的安全性。具体实现机制是，当一个硬盘处于工作状态时，另一个硬盘会处于断电的非工作状态。内网硬盘工作时，仅有内网网线接入；同样，外网硬盘工作时，仅有外网网线接入。这样的设计使得内网数据与外网数据之间不存在任何电气通道，实现了相互间的完全物理隔离。

在使用时，用户需要在开机前通过选择开关，明确指定进入"内"或"外"的工作模式。开机后，系统将根据选择启动相应的"内"或"外"硬盘，并接入对应的网络。若在使用过程中需要切换工作模式，用户需要正常退出当前工作状态，关闭电源，然后重新选择开关并开机。

此外，为了确保系统的稳定性和安全性，建议在安装和使用隔离卡时，遵循相关的技术手册和安全指南。同时，对于隔离卡的选择，也应考虑其兼容性、稳定性和安全性等因素，确保其与现有计算机系统的顺利集成和高效运行。

2. 单硬盘物理隔离卡

通过对单个硬盘上磁道的读写控制技术，我们成功地在同一硬盘上分隔出两个工作区间，这两个区间之间无法互相访问。这种技术以物理方式将一台计算机虚拟为两台计算机，使其能够同时处于安全状态和公共状态，且两种状态是完全隔离的。

这样，一个工作站便可以在完全安全的状态下同时连接内网和外网。

安全隔离卡被巧妙地设置在 PC 的物理层上，无论是内网还是外网的连接，都必须经过这张网络安全隔离卡。这样，数据在任何时候都只能流向一个分区，确保了数据的流向是可控的。

在安全状态下，主机只能使用硬盘的安全区与内部网进行连接，此时外部网（如 Internet）的连接是断开的，且硬盘的公共区通道是封闭的。而在公共状态下，主机则只能使用硬盘的公共区与外部网连接，此时与内部网的连接是断开的，且硬盘的安全区也被封闭。这种设计使得工作站能够在不同的网络环境中灵活切换，同时保证了数据的安全性。

对于这两种状态的转换，用户只需通过鼠标单击操作系统中的切换键即可轻松实现，这个过程被称为热启动。在切换时，系统会通过硬件重启信号来重新启动，从而消除内存中的所有数据，确保状态的彻底转换。

这两种状态分别有独立的操作系统，需要独立导入，且两个硬盘分区不会同时激活。出于安全考虑，两个硬盘分区之间不能直接交换数据。但为了满足某些特定需求，单硬盘物理隔离卡采用了一种独特的设计来实现数据交换。具体来说，它在两个分区以外，在硬盘上另外设置了一个功能区。当计算机处于不同的状态时，这个功能区会进行相应的转换，使得各分区可以将其作为一个过渡区来交换数据。

（二）物理隔离集线器

物理隔离集线器又称网络线路选择器、网络安全集线器等，是一种多路开关切换设备，其作用在于实现计算机与可信网络和不可信网络之间的安全连接与自动切换。物理隔离集线器通常与物理隔离卡配合使用，通过向物理隔离卡发出检测信号，识别出所连接的计算机，并自动将其切换到对应的网络集线器上进行互连。

物理隔离集线器的核心功能在于提供了一种安全而有效的网络隔离机制。在现代网络环境中，为了保障网络安全，通常需要将计算机连接到不同的网络中，如可信网络和不可信网络。可信网络通常是指受到严格管控和监管的内部网络，而不可信网络则可能存在较高的安全风险，例如公共互联网或其他不受信任的外部网络。物理隔离集线器的作用在于在这两类网络之间建立一个安全的隔离层，防止潜在的安全威胁从不可信网络中传播至可信网络。

当计算机通过物理隔离卡连接到物理隔离集线器时，集线器会向物理隔离卡发送检测信号，识别出计算机所属的网络身份。根据事先设定的安全策略和配置，物理隔离集线器会自动将计算机切换到对应的网络集线器上，实现计算机与可信网络或不可信网络之间的安全连接。这种自动切换的机制能够有效地阻止不受信任的计算机设备接入到可信网络中，从而保障了网络的安全性和稳定性。

（三）物理隔离网闸

1. 物理隔离网闸的系统结构

物理隔离网闸又称网络安全隔离网闸，是利用双主机系统和重用隔离交换系统的系统结构来断开内网或外网，从物理上来隔离、阻断潜在攻击的连接，确保内/外网络之间的安全隔离。物理隔离网闸包含一系列阻断特征，如没有通信连接、没有命令、没有协议、没有 TCP/IP 连接、没有应用连接、没有包转发、只有文件"摆渡"、对固态介质只有读和写两个命令。所以，物理隔离网闸能从物理上隔离、阻断具有潜在攻击可能的一切连接，使"黑客"无法入侵、无法攻击、无法破坏。

2. 物理隔离网闸的工作原理

物理隔离网闸作为网络安全设备，其工作原理涉及了对数据的提取、检查、转发和封装等过程，以确保内网和外网之间的数据传输安全可靠。在外网有数据需要到达内网的情况下，物理隔离网闸会将传入的数据还原为不包含任何附加信息的纯数据。这一步骤旨在去除潜在的安全风险，保证数据的纯净性。经过严格的数据合法性检查，确保数据的可信度和完整性。一旦数据经过检查合法无误，隔离设备按照专用协议对这些数据进行处理和转发。内网收到数据后，会进行 TCP/IP 协议的封装和应用协议的封装，并交给应用系统进行处理。

在内网有数据要发出的情况下，隔离设备在收到内网建立连接的请求后，会建立与内网之间的数据连接。隔离设备会剥离所有 TCP/IP 协议和应用协议，得到原始数据，并将原始数据写入存储介质。一旦数据完全写入存储介质，隔离设备立即中断与内网的连接，转而发起对外网的数据连接，将存储介质内的数据推向外网。外网收到数据后，会进行 TCP/IP 协议的封装和应用协议的封装，并交给应用程序进行处理。

二、逻辑网络隔离技术分析

逻辑网络隔离又称协议隔离，指处于不同安全域的网络在物理上有连线，通过协议转换的手段来保证受保护信息在逻辑上是隔离的，只有被系统要求传输的、内容受限的信息可以通过。逻辑网络隔离的核心是协议，协议是可控制传输方向和被监控的。传输的方向既可以是单向传输，也可以是双向传输，但整个传输过程是可以被监控的。逻辑网络隔离根据所采用的协议层次，可以从数据链路层、网络层来进行。

（一）VLAN

在交换机支持 VLAN（虚拟局域网）的场合下，可以采取虚拟局域网隔离的方式，通过使用 VLAN 标签，将事先指定的交换端口保留在各自广播区域中，从而实现逻辑隔离网络的目的。基于 VLAN 隔离技术的网络管控措施在一些规模不大的小型局域网中得到了广泛应用。

1.VLAN 的类型划分

（1）基于端口的划分。基于端口的划分方法的优点是定义 VLAN 成员时非常简单，只要将所有端口都定义为相应的 VLAN 组即可，适合于任何大小的网络。

（2）基于 MAC 地址。基于 MAC 地址划分 VLAN 的方法是根据每个主机的 MAC 地址来划分，即对每个 MAC 地址的主机都配置其属于哪个组，它实现的机制就是每块网卡都对应唯一的 MAC 地址，VLAN 交换机跟踪属于 VLANMAC 的地址。这种方式的 VLAN 允许网络用户从一个物理位置移动到另一个物理位置时，自动保留其所属 VLAN 的成员身份。

2.VLAN 的基本功能

（1)端口分隔。即便在同一台交换机上，处于不同 VLAN 的端口也是不能通信的，因此一台物理交换机可以当作多台逻辑交换机使用。

（2）网络安全。不同 VLAN 不能直接通信，从而杜绝了广播信息的不安全性。

（3）灵活管理。若需更改用户所属的网络，则不必换端口和连线，更改软件配置即可。

（二）VPN

VPN，即虚拟专用网络。所谓虚拟，是指用户不需要有实际的长途数据线路，而使用 Internet 公众数据网络的长途数据线路。所谓专用网络，是指用户可以为自己制定一个最符合自己需求的网络。所以 VPN 就是在 Internet 网络中建立一条虚拟的专用通道，让两个远距离的网络客户能在一个专用的网络通道中相互传递资料而不会被外界干扰或窃听。VPN 属于远程访问技术的一种，简而言之就是利用公用网络来架设专用网络。

1.VPN 的原理

随着接入互联网的计算机数量不断增长，IP 地址资源变得日益紧张。因此，众多企业或组织机构在构建内部网络时，普遍采用私有网络地址进行组网。然而，当业务或机构扩展至需要两个（或多个）使用私有网络地址的局域网进行直接通信时，位于这两个网络内的计算机无法实现互联互通。这是因为私有网络地址无法在公用网络上进行路由。

VPN 的原理是在两个使用私有网络地址组网的局域网之间，通过公用网络建立一条专用的、加密的通信通道。私有网络之间的数据在发送端经过设备封装后，通过这条专用通道在公用网络上传输，到达接收端后再进行解封装，还原成私有网络的数据，并转发到相应的私有网络中。

为了实现这一通信过程，两个私有网络各自需要增加一台能够连接到公网上的特殊设备。这样，双方就可以通过公用网络进行通信，而无需在两个私有网络之间租用专门的线路。由于 VPN 是通过公用网络传递私有网络的数据，因此，传输过程中需要对数据进行加密或压缩，以确保数据的安全性和传输效率。

通信的双方通过一系列协商好的协议进行数据传输，从而在私有网络之间建立一个专门的 VPN 连接。这些设备和协议共同构成了一个完整的 VPN 系统。

2.VPN 的分类

（1）按照隧道协议的网络分层，VPN 可以划分为第二层隧道协议和第三层隧道协议。第二层隧道协议和第三层隧道协议的区别主要在于用户数据在网络协议栈的第几层被封装。

（2）按照 VPN 隧道建立的方式，VPN 可以分为自愿隧道和强制隧道。自愿隧道是指用户计算机或路由器可以通过发送 VPN 请求来配置和创建的隧道，这种方式也称为基于用户设备的 VPN。强制隧道是指由 VPN 服务提供商配置和创建的隧道，这种方式也称为基于网络的 VPN。

（三）访问控制列表

在计算机网络中，路由器实现了不同网络的相互连接，随着网络应用的不断提高，就越来越需要对这种网络互连加以一定的限制，而路由器也具有一定的网络隔离功能。它的隔离功能主要通过访问控制技术来实现，通过制定访问控制列表来达到对数据报文转发进行过滤和控制，只允许访问控制列表中许可的报文通过路由器进行转发。访问控制列表（ACL）是一个路由器配置脚本，根据分组报头中的条件来控制路由器允许还是拒绝分组。"访问控制列表是通过事先制定的命令序列来控制内外网之间的访问,在内外网隔离的环境中应用广泛。"[①]ACL 是最常用的路由器软件功能之一,它还可以用于选择数据流类型,以便对其进行分析、转发或其他处理。路由器的访问控制列表是网络安全保障的第一道关卡。访问列表提供了一种机制,它可以控制和过滤通过路由器的不同接口去往不同方向的信息流。

1.ACL 的工作原理

ACL 定义了一组规则,用于控制进入入站接口的分组、通过路由器中继的分组以及经路由器出站接口外出的分组。ACL 对路由器本身生成的分组不起作用。ACL 要么应用于入站数据流,要么应用于出站数据流。

(1)入站 ACL:对到来的分组先进行处理,再路由到出站接口。入站 ACL 的效率很高,因为如果分组被丢弃,便可避免路由查找开销。仅当分组通过测试后,路由器才对其进行路由。

(2)出站 ACL:先将到来的分组路由到出站接口,然后根据出站 ACL 对其进行处理。

2.ACL 的重要作用

(1)限制网络数据流,以提高网络性能。

(2)提供网络流量控制。ACL 可限制路由选择更新的传输,如果网络状况不需要更新,便可节约带宽。

(3)提供基本的网络安全访问。ACL 可允许某台主机访问部分网络,同时阻止另一台主机访问该区域。

(4)在路由器接口上决定转发或阻止哪些类型的数据流。

(5)控制客户端可访问网络的哪些区域。

(6)允许或拒绝主机访问网络服务。ACL 可允许或拒绝用户访问特定文件类型。

---

① 张奎,杨礼.访问控制列表在内外网隔离中的应用 [J].实验科学与技术,2019,17(05):13.

第三节 黑客网络攻击及其防御技术

一、黑客的技能与作用原理

黑客是在别人不知情的情况下进入他人的电脑体系，控制电脑的人或组织。黑客的行为有利有弊，一方面它有助于发现电脑系统潜在的安全漏洞，从而帮助改进电脑系统；另一方面它也可能被用于破坏活动。片面强调黑客的破坏性固然不对，完全忽视黑客的危害也不可取。

（一）黑客的基本技能

黑客具有高超的技术、过人的智力以及坚韧的探索未知事物的毅力，作为黑客必须具备以下技能：

1. 了解必要的编程技术

作为一名黑客，需要了解目前计算机最为通用的 C 语言，一名普通黑客应该读懂别人所书写的源代码。一般的程序员，尤其是为商业领域编写程序的程序员，更多的是关注系统的性能、算法以及现代数据库技术的应用；作为网络编程的程序员，他们更加注重网络功能的实现以及优化，对于系统本身，他们关心的是如何在公布的文档中寻求自己所需要的功能；黑客则不同，他们更加关心系统功能实现的过程以及网络功能实现的过程。因此，系统功能以及网络功能，也就是 TCP/IP 协议，是黑客在编程中特别关注的重点。

2. 了解网络操作系统

黑客的目的是入侵网络操作系统，或者是连接在网络上的主机的操作系统，对网络操作系统的了解是一名黑客必需的知识。由于目的不同，黑客关心的操作系统各有差异，对于一般以攻击 Internet 服务器系统为主要目的的黑客来说，首推的自然是 UNIX 系统。

UNIX 操作系统目前而且可能在相当长的一段时间里面都是 Internet 中的重点，所以黑客一般对操作系统的研究，集中于对 UNIX 系统及其在 UNIX 环境下的应用系统的研究。相对其他的操作系统来说，UNIX 操作系统的安全级别是最高的，因而成为网络最有价值或者最应选择的平台。同时，由于 UNIX 系统本身相当复杂，对于

UNIX 的研究本身是一件充满挑战性和乐趣的事情，这些都是对黑客的诱惑，UNIX 操作系统就成了黑客喜欢挑战的对象。

作为系统安全管理人员必须知道，对操作系统的了解是黑客的必修课程，他们不是简单地了解操作系统的使用，他们会从更深层次去了解系统的内核、系统运作中的每一个环节，直到找到一个或者更多的漏洞。

（二）黑客的作用原理

黑客的作用原理是一个复杂且多阶段的过程，它涉及到对目标网络系统的深入探测和精心策划的攻击。黑客会致力于收集网络系统中的信息。这一环节是黑客入侵的起始点，其目的在于获取目标网络的基础架构、运行的服务以及潜在的安全弱点等信息。信息收集的过程并不直接对目标产生危害，但它为后续的攻击提供了至关重要的情报。

在掌握了足够的信息后，黑客会进一步探测目标网络系统的安全漏洞。这一步骤是黑客工作的核心，它要求黑客具备深厚的网络知识和高超的技术水平。黑客会利用各种手段来探测目标网络上的每台主机，寻找可能存在的安全漏洞。这些漏洞可能是操作系统或应用程序的缺陷，也可能是网络配置的不当之处。通过探测，黑客能够逐步揭示目标网络的内部结构，为后续的攻击做好准备。

黑客会建立一个模拟环境，进行模拟攻击。这个模拟环境需要尽可能地接近真实的攻击对象，以便黑客能够准确地测试攻击方法的可行性。在模拟攻击的过程中，黑客会仔细观察被攻击方的日志和检测工具的反应，以了解攻击过程中留下的痕迹和被攻击方的状态。这些信息对于制定一个周密的攻击策略至关重要。

当黑客认为时机成熟时，他们会具体实施网络攻击。这一步骤需要黑客结合之前收集的信息和自身的经验水平，总结出最适合的攻击方法。在模拟攻击的实践之后，黑客会等待一个合适的时机，以便在不被察觉的情况下实施真正的网络攻击。这个时机可能是目标网络系统的维护窗口，或者是某个特定的节假日等。

二、网络攻击的要素、步骤与手段

网络攻击是指网络攻击者利用目前网络通信协议自身存在的或因配置不当而产生的安全漏洞，用户使用的操作系统内在的缺陷或者用户使用的程序语言本身所具有的安全隐患，通过使用网络命令下载的专用软件，或者攻击者自己编写的软件，非法进入本地或者远程用户主机系统，获得、修改、删除用户系统的信息以及在用户系统上增加垃圾或有害信息一系列过程的总称。

（一）网络攻击的要素

第一，攻击者是网络攻击的发起者，其根据不同的目标和动机可以分为黑客和入侵者等不同类型。黑客通常具有技术娴熟、对网络系统有深入了解的特点，而入侵者则可能是利用已有的漏洞或工具进行入侵的个人或组织。

第二，工具是进行网络攻击所使用的关键设备或软件。这些工具包括了各种扫描器、漏洞利用工具、木马程序、勒索软件等，它们的使用可以极大地增强攻击者的能力，使其更轻易地实施攻击。

第三，访问是指攻击者对系统的获取和利用。这一要素可以进一步分为利用脆弱性、侵入的级别和进程的使用。攻击者可能通过利用系统设计或配置中的漏洞来获得未授权的访问权限，也可能获得未授权的使用权限。此外，攻击者还可以通过控制特定的进程或服务来实施攻击，比如利用未授权的用户身份发送恶意邮件等。

第四，结果是网络攻击的直接后果，可能包括服务的拒绝、信息的破坏或偷窃等。攻击者可能通过向目标系统发送大量请求来使其服务瘫痪，或者通过篡改数据或窃取敏感信息来造成系统损害。

第五，目标是攻击者所针对的对象，通常与攻击的类型密切相关。攻击者可能以获取机密信息、破坏系统、勒索金钱等目的为攻击目标，其选择目标往往取决于其个人或组织的利益诉求和技术能力。

（二）网络攻击的步骤

第一，网络入侵者会进行详细的调查、收集和判断，以获取目标系统的网络拓扑结构信息。这一阶段，入侵者会利用各种网络工具和协议，对远程目标系统中的各个主机进行信息收集，为后续的攻击策略制定提供依据。

第二，入侵者会根据收集到的信息，制定攻击策略并确定攻击目标。这一步骤中，入侵者会综合考虑目标系统的安全性、网络架构以及自身的能力等因素，选择最合适的攻击对象和攻击方式。

第三，入侵者会对目标系统进行扫描。这一过程旨在寻找目标系统的安全漏洞或弱点，为后续的攻击提供突破口。入侵者可能会使用自己编写的程序或公开的工具，对远程目标网络上的主机进行自动扫描。

第四，在成功扫描到目标系统的有用信息后，入侵者会利用这些信息进行攻击。他们会针对目标系统存在的安全漏洞，运用各种攻击手段，试图获得访问权。一旦获得访问权，入侵者就可以搜索目录，定位并储存感兴趣的信息。同时，他们还可能利用这台被攻破的主机，对与其建立了访问链接和信任关系的其他网络计算机进行攻击，从而扩大攻击范围。

（三）网络攻击的手段

1. 逻辑炸弹

逻辑炸弹是一种特殊的计算机程序，其特性在于当满足特定逻辑条件时，会以不同于常规的方式运行，进而对目标系统实施破坏。这种破坏性的程序通常巧妙地隐藏在那些看似正常功能的软件中，使得用户难以察觉，更难以彻底清除。与计算机病毒所表现出的自我复制和传播破坏程序的特性不同，逻辑炸弹的核心在于其破坏作用的直接性和针对性。

逻辑炸弹的破坏力不容小觑，它有能力破坏或随机修改用户的计算机数据，进而引发一系列直接或间接的损失。这些损失可能源自对某个关键数据单元的微小改动，比如在一个庞大的电子表格中，一个单元格的数值变动就可能导致整体分析或计算结果的严重偏差。在信息化社会，计算机的应用范围日益广泛，逻辑炸弹的潜在破坏作用也因此而扩大，涉及到更多领域和层面。

因此，对于逻辑炸弹的防范和应对显得尤为关键。这需要人们不断提升计算机系统的安全性，加强软件开发的规范性，同时提高用户对数据备份和恢复的认识和重视程度。只有这样，才能有效地减少逻辑炸弹带来的风险，保障信息系统的安全和稳定。

2. 邮件炸弹

电子邮件，作为互联网上一项极具价值且广泛使用的服务，其重要性不言而喻。电子邮件系统因其内在的脆弱性而时常面临安全威胁。在众多攻击手段中，邮件炸弹以其简单高效的特点，成为了网络攻击者常用的侵扰工具。

邮件炸弹攻击的本质在于通过反复向目标接收者发送大量地址不详、内容庞大或重复的恶意信息，以垃圾邮件的形式填满被攻击者的邮箱。由于个人邮箱的存储空间有限，大量的垃圾邮件不仅会覆盖用户正常的邮件，还会占用宝贵的网络资源。当邮件炸弹的发送量达到一定程度时，网络可能会出现严重的拥塞现象，导致网络用户无法正常进行工作。

除了对个人用户造成不便外，邮件炸弹攻击还可能导致更为严重的后果。当服务器在短时间内接收到大量邮件时，正常的邮件发送和接收功能将受到严重影响，甚至可能引发服务器死机等严重后果。这种攻击方式因而也被称为拒绝服务攻击，其目的在于通过消耗目标系统的资源，使其无法为正常用户提供服务。

实施邮件炸弹攻击并不需要高超的技术水平。攻击者只需知道目标用户的邮件地址，并从网络上下载相应的邮件炸弹程序，即可发动攻击。这种攻击的简便性使得邮件炸弹成为了潜在的报复工具，为网络的安全应用带来了极大的隐患。

3.ICQ 炸弹

ICQ（网络寻呼机）的出现与邮件的出现具有同等重要的作用，因为它们都在通信技术领域发挥着重要的作用。ICQ 的出现使得在线交流变得更加方便快捷。用户可以通过 ICQ 与朋友进行实时在线交谈、发送短消息、传递文件等，甚至可以通过随机查找功能找到新的朋友。ICQ 服务免费，并且已经吸引了大量的用户加入，几乎成为了上网人的必备工具之一。ICQ 的出现极大地拓展了人们的社交圈，提高了人们之间的沟通效率，促进了信息的传递和共享。因此，ICQ 在互联网时代的通信领域发挥着重要的作用，成为了人们日常生活中不可或缺的一部分。

ICQ 炸弹和邮件炸弹的原理类似，都是通过发送大量无意义的信息来导致受攻击者的网络连接发生问题，甚至引起网络瘫痪。ICQ 炸弹的原理是利用自动拨号程序，向受攻击的 ICQ 用户发送大量的无意义消息或请求，导致其 ICQ 客户端或服务器负荷过大，最终使其网络连接中断或无法正常工作。此外，还有一些针对 ICQ 的强制加入列表、查询密码等功能的恶意软件，进一步增加了 ICQ 用户的风险。

对于 ICQ 用户来说，使用 ICQ 是一件具有潜在危险的事情，需要格外小心。为了防范 ICQ 炸弹等网络攻击，用户可以采取一些措施，例如安装防火墙和安全软件来阻止恶意流量的进入，定期更新 ICQ 客户端以及操作系统，避免点击不明链接或下载未知附件，设置强密码并定期更换密码，以及谨慎接受陌生人的好友请求等。此外，ICQ 官方也提供了一些安全设置选项，用户可以根据需要调整隐私设置和安全选项，以提高自身的网络安全水平。

4.口令入侵

口令入侵作为网络攻击的一种重要手段，其核心在于对目标系统的用户名与口令进行破解或屏蔽，从而获取非法访问权限。作为系统安全的第一道防线，用户名与口令的保密性对于维护系统安全至关重要。一旦系统管理员的口令失窃，整个系统的安全防线便可能面临崩溃的风险。

口令入侵者利用各种技术手段，试图破解或绕过口令保护机制，进而实施对目标系统的非法访问。这些入侵者通常将破解用户口令作为攻击的首要步骤，以此作为进入系统的突破口。

尽管几乎所有的用户系统都依赖于口令来防止非法登录，但现实情况却表明，许多用户并未严格对待口令的使用和保护。这种疏忽为口令入侵者提供了可乘之机，他们经常利用这些缺乏保护的口令发起攻击。

口令入侵并非无所不能。只要网络用户充分认识到口令的重要性，并采取有效措施加以保护，口令入侵者的攻击手段会失效。具体而言，用户可以将口令设置为8位以上，并避免使用规律性强的字符组合，这样可以大大增加口令的复杂性和破解难度。此外，定期更换口令、避免在多个平台使用相同口令等做法，也能有效提升口令的安全性。

5. 特洛伊木马

特洛伊木马，作为一种恶意的计算机程序，赋予了攻击者近乎无限制的权限，使其能够在目标用户毫不知情的情况下实现对目标计算机系统的完全控制。一旦这样的程序在计算机系统中得以运行，该系统便如同不设防的城堡，即便是对计算机技术了解有限的人，也能轻易窃取系统内的机密信息。

特洛伊木马的防范与检测工作，主要依赖于用户自身的警觉与操作。这是因为特洛伊木马并不具备自我传播或复制的能力，它们只能依赖于用户的主动安装才能进入计算机系统。因此，用户在使用任何程序前，都应养成仔细审查的习惯，这将极大降低特洛伊木马感染的风险。

在检测特洛伊木马方面，主要存在三种方法：观察、检验和审计跟踪。观察法通常由系统管理员执行，通过对系统状态的细致观察，以发现异常行为或迹象；检验法则通过对比文件的完整性或哈希值，以检测是否有未经授权的修改或特洛伊木马的插入；审计跟踪则是一种更为全面的检测手段，它通过记录系统的所有活动，从而发现特洛伊木马的存在证据。

6. 拒绝服务攻击

拒绝服务攻击是利用 Internet 协议组的有关工具，拒绝合法的用户对目标系统（如服务器）和信息的合法访问。拒绝服务的后果表现为以下方面：

（1）目标系统死机。

（2）端口处于停顿状态。

（3）在计算机屏幕上发出杂乱信息。

（4）改变文件名称。

（5）删除关键的程序文件。

（6）扭曲系统的资源状态，使系统的处理速度降低。

三、黑客入侵的防御方法

第一，实体安全的防范是至关重要的，这包括了对机房、网络服务器、线路和主机等设备的管理。通过严格的物理安全措施，可以有效地防止黑客通过物理方式进行入侵或破坏。

第二，对数据进行加密是一种有效的防御手段。通过对数据进行加密处理，即使数据被黑客截取，黑客也难以获知其中的内容，从而保障了数据的安全性和机密性。

第三，使用防火墙将内部系统和 Internet 隔离开来，是防止黑客入侵的重要方法之一。防火墙可以对进出的数据流量进行监控和过滤，有效地阻止了来自外部网络的非法访问和攻击。

第四，建立内部安全防范机制也是防御黑客入侵的关键。通过制定严格的内部安全策略、权限管理和访问控制等措施，可以有效地防止内部信息资源或数据的泄露和被黑客利用。

第五，使用新的、安全性好的软件产品也是防御黑客入侵的重要手段之一。及时更新系统补丁，使用安全性较高的操作系统和应用程序，可以减少黑客利用软件漏洞进行攻击的可能性。

第六，安装适当的防御软件也是防御黑客入侵的有效途径。网络监测软件、漏洞检查软件等安全工具可以帮助监控和识别潜在的攻击行为，及时发现并应对黑客攻击。

第七，管理好密码也是防御黑客入侵的关键。合理设置密码策略，定期更换密码，采用多因素身份验证等措施，可以有效地降低黑客破解密码的可能性，提升系统的安全性。

第六章 计算机病毒及其安全防御技术

第一节 计算机病毒及其工作原理

一、计算机病毒的特点与结构

计算机病毒是指所有驻留于计算机内部，对系统原有功能进行非正确或用户意料之外的修改的程序。由于计算机病毒与生物学病毒有相类似的特征，所以人们利用生物学上的病毒来称呼它。"计算机病毒的出现不仅能盗取用户的私人信息，还会使得计算机系统瘫痪，这给广大计算机用户造成了严重的破坏以及其他非常严重的影响。"①

计算机病毒程序通常比较小，与其他合法程序一样可以存储、执行，但是没有文件名，不能以文件的形式独立在磁盘中存在，必须依附在其他程序上。计算机病毒寄生于磁盘、光盘等存储介质当中时是静态的，不会感染，也不会起破坏作用。当随着合法程序的运行进入计算机内存时病毒进入活跃状态，随时可以进行感染和破坏，这个过程被称为病毒激活。计算机病毒的产生是计算机技术和以计算机为核心的社会信息化进程发展到一定阶段的必然产物。

（一）计算机病毒的主要特点

1. 程序性

计算机病毒，作为一种特殊的可执行程序，具有其独特的程序性。与其他合法程序一样，计算机病毒是一段可执行的代码，但其在功能、行为和目的上却与合法程序存在显著的区别。计算机病毒并非一个完整的程序，而是寄生在其他可执行程

---

① 张善勤.网络环境下的计算机病毒及其防范技术［J］.电脑知识与技术，2014，10（24）：5632.

序上，通过嵌入或链接的方式，将自身隐藏于合法程序中。由于寄生性，计算机病毒得以利用宿主程序的执行环境，享有一切程序所能得到的权力。

当计算机病毒得以在计算机内运行时，它开始表现出其独特的活性。这种活性主要体现在其感染性和破坏性上。感染性是计算机病毒最本质的特征之一，它使得病毒能够在不被用户察觉的情况下，自我复制并传播到计算机系统的其他部分。病毒通过修改系统文件、感染其他程序或利用网络传播等方式，不断扩大其影响范围。一旦病毒在系统中扎根，其破坏性的后果往往难以预料。

计算机病毒的破坏性主要体现在对系统数据和功能的破坏上。病毒可能删除或修改系统文件，导致系统崩溃或无法正常运行。此外，病毒还可能窃取用户的个人信息，如密码、账号等，进而造成用户隐私泄露和财产损失。在某些情况下，病毒甚至可能被用于执行恶意操作，如发起拒绝服务攻击、窃取敏感数据等，对国家安全和社会稳定构成严重威胁。

计算机病毒的活性只有在病毒得以运行时才会表现出来。如果病毒文件存在于计算机中但未被执行，那么它并不具备感染性和破坏性。因此，防范计算机病毒的关键在于防止病毒的传播和执行。用户应该加强安全意识，避免下载和运行来源不明的程序，及时更新操作系统和杀毒软件，以应对不断变化的病毒威胁。

2. 潜伏性

计算机病毒的潜伏性，作为病毒特性中至关重要的一环，是指病毒在感染计算机系统后，至其实际发作之前所经历的一段隐蔽期。在这一阶段，病毒宛如潜藏的刺客，默默等待时机，执行其预定的破坏任务。病毒的潜伏期长短不一，这种差异主要取决于病毒程序的编制技巧和设定条件。

在潜伏期里，计算机病毒利用其依附其他媒体寄生的能力，不断复制自身，并将备份送达其他系统，从而悄无声息地扩大其感染范围。这种传播方式使得病毒能够在用户毫无察觉的情况下，逐渐渗透到计算机系统的各个角落。

计算机病毒在潜伏期间并不立即显示其破坏性。它会在满足特定条件后，如系统达到某个特定时间、执行了某个特定操作或满足了某种特定条件时，才启动其表现模块，进而显示发作信息或进行系统破坏。这种"定时发作"的机制进一步增强了病毒的隐蔽性，使得用户在病毒发作之前难以察觉其存在。

此外，计算机病毒程序的隐蔽性还体现在其与正常程序的相似性上。未经专业的程序代码分析或计算机病毒代码扫描，病毒程序与正常程序往往难以区分。一旦病毒程序取得系统控制权，计算机往往仍能正常运行，被感染的程序也能正常执行，这使得用户难以察觉到异常。

3. 可触发性

计算机病毒的可触发性是其感染与破坏行为得以发生的关键机制，它依赖于特定事件或数值的出现作为启动点。这种触发机制的设计体现了病毒编写者的精巧构思，旨在确保病毒在合适的时间点展现其破坏力，同时又不引起用户的警觉。

条件控制是病毒可触发性得以实现的核心要素，它涉及时间日期、特定标识、特定资料出现、用户安全保密等级或文件使用次数等多种条件。病毒编写者会根据病毒的功能需求和传播策略，为病毒设置合适的触发条件。这些条件可以是单一的，也可以是多个条件的组合，以确保病毒在特定情境下被激活。

利用系统时间作为触发器是一种常见的策略，大量病毒采用这种机制。通过设定特定的日期或时间，病毒可以在用户毫无察觉的情况下进行感染或破坏。这种触发机制使得病毒具有极强的隐蔽性和时效性，给防范工作带来了极大的挑战。

病毒体自带的计数器也是触发机制的重要组成部分。病毒通过记录特定事件的发生次数，如计算机开机的次数、病毒程序被运行的次数或从开机起被运行过的程序数量等，一旦计数器达到设定值，病毒就会执行破坏操作。这种触发机制使得病毒能够在用户不经意间积累到足够的触发条件，进而发动攻击。

此外，计算机内执行的某些特定操作也可以作为病毒的触发器。这些特定操作可以是用户按下某些特定键的组合，也可以是执行的命令或对磁盘的读写操作。一旦这些操作发生，病毒就会被激活并执行其预定的任务。

被病毒使用的触发条件往往不是单一的，而是由多个条件的组合触发。这种组合触发的设计使得病毒能够在更复杂的条件下被激活，增加了防范的难度。大多数病毒的组合条件都是基于时间的，再辅以读写盘操作、按键操作以及其他条件，以确保病毒在最佳时机展现其破坏力。

（二）计算机病毒的基本结构

计算机病毒是在计算机系统环境中存在并发展的，计算机系统的硬件和软件决定了计算机病毒的结构。计算机病毒是一种特殊的程序，它寄生在正常的、合法的程序中，并以各种方式潜伏下来，伺机进行感染和破坏。在这种情况下，原先的那个正常的、合法的程序为病毒的宿主或宿主程序。计算机病毒具有感染和破坏能力，这与病毒的结构有关。计算机病毒在结构上有着共同性，一般由以下部分组成：

第一，主控模块。主控模块是计算机病毒的核心组成部分，负责初始化和启动整个病毒程序。一旦宿主程序被执行，主控模块就会随之加载到内存中，并开始执行病毒的各项任务。主控模块的主要功能包括对病毒程序进行组装和初始化，为后续的传染部分做好准备。

第二，传染模块。传染模块是计算机病毒中至关重要的组成部分，其主要功能是将病毒程序传播到其他可执行程序上，以便扩散感染。在传染过程中，传染模块会对目标进行判断，确定是否满足传染条件。通过对目标的分析和评估，传染模块能够有针对性地选择合适的传染方式和策略，以确保病毒传播的高效性和隐蔽性。

第三，破坏模块。破坏模块是病毒间差异最大的部分，用于实现病毒程序编制者的破坏意图。前两部分是为这部分服务的。大部分病毒都是在一定条件下才会触发其破坏部分的。

二、计算机病毒的类型及其破坏行为

（一）计算机病毒的类型划分

1. 源码型病毒

源码型病毒作为计算机病毒的一种特殊形态，其在病毒家族中相对较为罕见，同时其编写与传播难度也相对较高。这类病毒专门针对使用高级语言编写的源程序进行攻击，具有高度的隐蔽性和破坏性。

源码型病毒的核心特点在于其攻击目标的特殊性。它并不直接感染已经编译好的可执行文件，而是在源程序编译之前便悄然插入其中。这一特性使得源码型病毒能够在源程序被编译成可执行文件的过程中，无声无息地将自身嵌入到目标程序中。

源码型病毒的编写难度较大，主要源于其对编程技术和计算机体系结构的深刻理解。攻击者需要熟练掌握目标程序所使用的高级语言，以及编译和链接的过程。此外，由于源码型病毒需要在源程序中插入恶意代码，而不引起程序员的警觉，因此还需要具备高超的代码混淆和隐蔽技术。

尽管源码型病毒相对较为罕见，但其潜在的威胁不容忽视。一旦源码型病毒成功插入到源程序中，并随其一起编译成可执行文件，那么这些带毒的可执行文件将在用户计算机上执行恶意操作，可能导致数据泄露、系统崩溃等严重后果。因此，对于计算机安全研究人员和开发人员来说，深入理解源码型病毒的攻击原理和传播机制，提高源程序的安全性，以及开发有效的检测和防御措施，具有重要的现实意义和学术价值。

2. 入侵型病毒

入侵型病毒作为计算机病毒的一种高级形态，以其独特的感染方式和高度隐蔽性而著称。这类病毒能够巧妙地用自身代码代替正常程序中的部分模块或堆栈区，从而将病毒程序与目标程序融为一体，实现深度潜入和长期潜伏。

入侵型病毒的编写难度极大，要求病毒编写者具备深厚的编程功底和计算机体系结构知识。病毒需要在感染程序中自动寻找合适的插入点，将自身代码无缝嵌入，同时确保不破坏目标程序的正常功能。这种高度精确的插入操作不仅考验编写者的技术实力，也对病毒的隐蔽性和稳定性提出了极高的要求。

由于入侵型病毒只针对某些特定程序进行攻击，因此其数量相对较少。然而，这并不意味着其危害性可以忽视。相反，由于入侵型病毒能够深度潜入目标程序，其破坏力往往极大。一旦病毒发作，不仅可能导致系统崩溃或数据丢失，还可能使被感染的程序无法再次使用，给用户带来极大的损失。

因此，对于入侵型病毒的防范工作必须高度重视。用户应定期更新和升级操作系统、应用软件及安全工具，及时修补漏洞，提高系统的安全性。同时，对于重要数据和程序，应定期进行备份和恢复演练，以便在病毒发作后能够迅速恢复系统正常运行。此外，加强网络安全意识教育，提高用户识别和防范病毒的能力也是至关重要的。

3. 操作系统型病毒

操作系统型病毒作为计算机病毒的一种重要类型，其寄生在计算机磁盘的操作系统引导区，一旦启动计算机，便能利用其自身部分加入或替代操作系统的部分功能。这类病毒由于直接感染操作系统，破坏力极强，一旦发作，可能导致系统严重受损，甚至无法再次启动。

操作系统型病毒之所以具有如此强大的破坏力，主要源于其寄生位置的特殊性。引导区作为计算机启动的起点，负责加载并初始化操作系统。病毒一旦侵入此区域，便能在系统启动过程中获得控制权，进而执行恶意操作。这些操作可能包括篡改系统文件、破坏关键数据结构、修改中断向量等，导致系统行为异常，甚至完全崩溃。

此外，操作系统型病毒由于其直接作用于系统底层，通常具有较强的隐蔽性。常规的病毒扫描和防御工具可能难以检测和清除这类病毒。病毒可以巧妙地利用操作系统的特性，隐藏自身行踪，躲避安全软件的检测。这使得操作系统型病毒的防范和清除工作变得尤为困难。

（二）计算机病毒的破坏行为

计算机病毒以其感染性和破坏性成为信息安全的重大威胁。其中，病毒的破坏性尤为令人担忧，其严重程度往往取决于病毒编写者的意图和技术能力。计算机病毒的破坏行为纷繁复杂，但其对系统的危害可大致归结为以下方面：

第一，病毒常常攻击系统资料区，包括硬盘的主引导扇区、Boot 扇区、FAT 表以及文件目录等关键部位。一旦这些区域遭到破坏，计算机可能无法启动，甚至整个磁盘或特定扇区的数据会丢失，造成难以挽回的损失。这类攻击系统资料区的病毒通常属于恶性病毒，其破坏力极强，对计算机系统的稳定运行构成严重威胁。

第二，病毒还会对文件发起攻击。它们可能删除、改名或替换文件内容，甚至导致文件簇丢失或对文件进行加密。这种攻击方式对于依赖文件存储重要信息的军事部门或金融系统来说，后果可能是灾难性的。一旦文件被病毒篡改或破坏，其格式可能看似正常，但内容已经面目全非，导致关键信息丢失或泄露。

第三，病毒还会攻击计算机的内存资源。内存作为计算机运行的关键部件，一旦被病毒占用或消耗过多，将导致大型程序运行受阻，甚至造成系统崩溃。病毒可能通过大量占用内存、改变内存总量、禁止内存分配或蚕食内存等方式来攻击内存，严重影响计算机的性能和稳定性。

第四，病毒还会占用 CPU 的运行时间，使计算机的运行效率明显降低。病毒可能通过不执行命令、干扰内部命令的执行、虚假报警、阻止文件打开、内部栈溢出、占用特殊资料区、强制重启、死机或扰乱串并接口等方式来实现这一目的。当病毒被激活时，它会在系统中引入循环计数，迫使计算机进行无意义的空转操作，从而显著降低计算机的运行速度。

三、计算机病毒的工作原理

（一）DOS 环境下的计算机病毒

1.DOS 环境

DOS，作为早期计算机操作系统的代表，其基本结构、启动过程、文件系统和加载过程以及中断系统，都展现出了独特的逻辑和技术特点。

（1）DOS 的基本结构由四个核心的程序模块组成：引导记录模块、基本输入输出模块、核心模块和 Shell 模块。这四个模块既相互独立又相互关联，共同构建了

DOS 系统的四个主要层次。这种模块化设计不仅使得 DOS 系统具有高度的可维护性和可扩展性，同时也为后续的操作系统设计提供了宝贵的经验。

（2）在 DOS 的启动过程中，PCX86 系列计算机加电启动后，程序执行的首地址通常是 FFFF：0000H，从这里直接跳转到自检程序。自检程序负责对系统硬件进行详尽的检查和测试，确保处理器内部寄存器、ROM-BIOS 芯片、DMA 控制器、CRT 视频接口、键盘等关键部件的正常工作。这一步骤对于保证系统稳定运行至关重要。随后，自举程序负责装入 DOS 引导记录并执行，引导记录中包含了关于磁盘 I/O 参数、磁盘基数表以及引导记录块等重要信息。这些信息的正确加载和解析，是 DOS 系统能够成功启动的关键。

（3）系统初始化程序是 DOS 启动过程中的另一个重要环节。SYSINIT 程序在完成磁盘基数表的建立、中断向量的设置等初始化工作后，将系统控制权交给 DOS 的内核文件 MSDOS.SYS。这一过程中，SYSINIT 通过调用 BIOS 中断来确定系统硬件配置和 RAM 的实际容量，为后续的设备管理和内存分配提供了基础数据。

（4）DOS 的文件系统和加载过程则体现了其在文件管理方面的独特之处。文件目录表（FDT）、文件分配表（FAT）、磁盘参数表和设备驱动程序共同构成了 DOS 文件管理的核心机制。文件目录表详细记录了文件名、子目录名、卷标等信息，使得 DOS 能够准确掌握磁盘上每个文件的路径、属性、分配情况以及创建 / 修改时间等关键信息。而文件分配表则负责记录文件在磁盘上的具体存储位置，为文件的读写操作提供了必要的指引。

（5）在 DOS 系统中，COMMAND.COM 命令处理程序扮演着至关重要的角色。它负责解释用户输入的命令，无论是内部命令、外部命令还是批处理文件，COMMAND.COM 都能够进行有效处理。当外部命令执行时，它会暂时控制系统的全部资源，执行完毕后释放资源或保持程序驻留，然后返回 DOS 提示符状态。这种灵活的处理方式使得 DOS 系统能够高效地响应用户的各种操作需求。

（6）DOS 的中断系统也是其技术特点之一。中断是计算机 CPU 在执行程序过程中暂时停止当前任务转而处理其他紧急事件的一种机制。DOS 的中断系统包括外中断、内中断和软中断三种类型，它们共同构成了 DOS 系统处理各种异常情况的基础。CPU 在接收到中断信息后，会根据中断类型号从中断向量表中获取相应的中断处理程序入口地址并执行中断处理程序。这一机制不仅提高了 DOS 系统的响应速度和稳定性，同时也为后续的操作系统中断处理机制提供了重要的参考。

2. 常见 DOS 病毒

（1）引导型病毒的工作原理。引导型病毒分为软引导记录病毒、主引导病毒和分区引导记录，分别感染软盘的引导扇区或硬盘的主引导记录、分区引导记录。大多数引导记录病毒在内存中安装自己，并且把自己挂到计算机的 BIOS 和操作系统提供的各种系统服务中。

第一，软引导记录病毒。每张软盘都有一个引导记录（即 FBR），它存储着传送给操作系统的软盘信息，位于软盘的第一个扇区。软引导记录病毒既可以感染软盘的软引导记录，也可以感染硬盘的主引导记录和活动分区引导记录。用户无意中将软盘放在软驱中的习惯给引导病毒的传播留了机会，因为计算机从软盘启动时总是装入并执行引导驱动程序，此时病毒用自己的引导驱动程序取代原来的内容是很容易的。

当计算机从软驱启动时，计算机从软盘中检索引导记录，并执行引导记录中的引导驱动程序以从软盘中装入操作系统。若软盘已感染病毒，则 BIOS 装入的引导记录是被感染过的自举程序，病毒就控制了计算机。病毒在引导过程中把自己作为内存驻留驱动程序装入内存，这样病毒就可以监视计算机操作过程中所有的磁盘请求，并感染其他磁盘。

病毒为自己保留内存后会把自己移到此处，并试图挂到直接磁盘系统服务中。病毒修改中断向量表中 ROMBIOS 磁盘操作中断服务程序的地址，通知操作系统它现在是 ROMBIOS 磁盘服务提供者的代理，使得所有向计算机发出的磁盘操作请求都转交给病毒，而不是原来的 ROMBIOS 磁盘服务。以后，当操作系统发出一项系统服务请求时，病毒首先检查请求，若是对软盘的操作病毒就感染软盘引导记录，若是对硬盘的操作则感染硬盘的主引导记录或活动分引导记录，然后病毒再把磁盘服务请求重新交给原来的 ROMBIOS 磁盘服务程序以完成相应操作。

在病毒感染软盘之前，它必须确定磁盘是否已经被感染。大多数时候病毒会把目标软引导记录装入内存并与它自己比较，如果病毒确定目标软盘没有被感染过，就会进行感染，并把原来的软引导记录保存到软盘中的另外一个扇区。这样如果用户要从磁盘引导，病毒就可以正确地启动驻留在这个磁盘上的操作系统。当病毒把一个被感染的自举例程插入软引导记录，并且把原来的软引导记录的拷贝存储在磁盘中的某个地方时，它可能覆盖一些资料。许多病毒会覆盖根目录结构的最后一个扇区。如果扇区正在使用，存储在扇区的任何文件目录条目都会被破坏。其他引导病毒把原来软引导记录的一份拷贝存储在软盘的最后。在病毒覆盖了软盘上某个扇区后，使用传统的磁盘工具无法恢复该扇区的内容。

第二，主引导记录病毒。主引导记录有两个基本组成部分：分区表和引导驱动程序。分区表记录着所有扇区在硬盘中的分布及对应的分区；引导驱动程序则在计算机启动时确定活动分区，装入主引导记录MBR并把控制权交给活动分区的分区引导记录PBR。若MBR在扇区的最末处有正确的特征标记，ROMBIOS就把控制交给MBR的自举程序。主引导记录病毒驻留在硬盘的主引导记录中，随着MBR的自举程序装入内存。

如果主引导记录染毒，ROMBIOS引导程序把控制传送给主引导记录自举程序时，病毒就得到了控制权。就像软引导记录病毒一样，主引导记录病毒也把自己伪装为内存驻留服务提供者。它把第一个物理硬盘的主引导区装入内存，然后检查自举例程是否已经感染，如果已被感染就开始引导，如果未被感染用带毒的自举例程和原主引导记录分区表更改主引导扇区。主引导记录病毒一般把原主引导扇区拷贝一份到硬盘的某个地方，以便自己驻留内存后把控制传送给主引导记录的自举程序，进行正常引导。对于大多数硬盘来说，磁盘分区软件（FDISK）在硬盘主引导记录后面会留下一个未用磁道的扇区。因为大多数系统不使用这些扇区，所以病毒常选择其中的一个扇区存放原来的主引导记录。有的磁盘管理和访问控制包把自己的自举程序和资料存放在这一区域，而病毒没有检查就假设这部分空间可以用于自己的目标，可能会覆盖磁盘驱动器，造成以后计算机在引导时死机。

第三，分区引导记录病毒。物理硬盘上的每个分区有自己的分区引导记录PBR，存储着BIOS参数块的资料，描述了逻辑盘的内容和容量。PBR也包含驱动引导程序，它负责装入并执行逻辑盘上的操作系统。

PBR病毒通常只感染当前活动分区，只有从活动分区启动病毒，才能被执行以达到传播的目的。一旦PBR病毒把自己安装为内存驻留驱动程序后，所有的磁盘服务请求都要发送到病毒处理程序，完成感染后把服务请求重新交给原来的BIOS服务程序。PBR病毒把原来的引导记录保存在被感染硬盘的最后一个扇区中。如果PBR病毒不检验这个扇区是否被使用，就可能覆盖存储在这个空间的某个文件，引起资料丢失。同样，用户也可能因为复制文件，将这个扇区中存储的引导记录覆盖掉，再从硬盘引导时系统会死机。

（2）文件病毒。文件感染病毒可分为直接操作和内存驻留文件感染病毒两种。

被感染的文件一执行，直接操作文件感染病毒就使用与包含特定文本串的文件查找程序相同的定位方式，感染目录上或硬盘上某个地方的其他程序文件；内存驻留文件感染病毒使用类似于引导记录病毒的方法把自己装入内存，再把自己安装为驻留的服务提供者，当 DOS 或其他程序要执行或访问程序时病毒就会控制计算机。

还有一类感染程序文件的病毒叫伴随型病毒，它们并不把自己附加到已存在的程序文件中，而是创建一个新文件让 DOS 执行，代替原来的程序，从而进行感染。伴随型病毒使用许多策略，例如用同一个文件名，在同一个目录下创建一个 .COM 文件代替已存档的 .EXE 文件。

（二）Windows 平台病毒

1. 宏病毒

"宏"是软件设计者为了在使用软件时避免重复相同的动作而设计出来的一种工具，利用该功能，用户可把一系列的操作作为一个宏记录下来。只要运行这个宏，计算机就能自动重复执行宏中的所有操作。简言之，宏是一组批处理命令，是用高级语言 VBA 编写的一段程序，由于 VBA 语言简单易学，因此宏病毒大量诞生。

宏病毒感染带有宏的数据文件，随着 Microsoft 的办公自动化软件 Office 开始流行，是新型病毒的代表，也是一种跨平台式计算机病毒，可以在多版本操作系统上执行病毒行为。很多宏病毒具有隐形、变形能力，并具有对抗反病毒软件的能力。宏病毒还可以通过电子邮件等功能自行传播，对今后具有宏能力的文件和程序存在潜在的威胁。

编写宏病毒的 WordBasic 语言提供了许多系统低层调用，如直接使用 DOS 系统命令、调用 WindowsAPI，这些操作均可能对系统造成直接威胁，而 Word 在指令安全性、完整性上检测能力很弱，破坏系统的指令很容易被执行。

模板的不兼容使英文 Word 中的病毒模板，在同一版本的中文 Word 中打不开而自动失效，反之亦然。同时，高版本的 Word 文档在低版本的 Word 下是打不开的。

宏病毒的特征主要包括：①宏病毒会感染 .DOC 文档和 .DOT 模板文件，被它感染的 .DOC 文件属性会被改为模板而不是文件，而用户在另存文件时只能用模板方式而无法转换为任何其他形式；②宏病毒通常是在 Word 打开带毒的文档或模板时被激活，将自身复制到 Word 通用（Normal）模板中完成传染过程；③多数宏病毒包含许多自动宏，通过它们取得文档（模板）操作权或文件控制权；④宏病毒中总是含有对文档读写操作的宏命令；⑤宏病毒在 .DOC 文档、.DOT 模板中以 .BFF

（BinaryFileFormat）格式存放，这是一种加密压缩格式。

对大多数人来说，反宏病毒主要的还是依赖于各种反宏病毒软件。当前，处理宏病毒的反病毒软件主要分为两类：常规反病毒扫描仪和专门处理宏病毒的反病毒软件，两类软件各有自己的优势，一般说来，前者的适应能力强于后者。能通过改变自身的代码和形状来对抗反病毒软件的变形能力是新一代病毒的首要特征，可以分为四类：一维变形病毒、二维变形病毒、二维变形病毒和四维变形病毒。

2.CIH 病毒程序

CIH 病毒程序大小为 1K，从分类来说是文件型病毒，驻留内存，感染所有 WIN 环境下的 PE 格式文件。CIH 病毒是第一种破坏硬件的病毒，杀伤力极强。

随着技术的更新，主板生产商开始使用 EPROM 来做 BIOS 的内存。这是一种电可擦写的 ROM，在 12V 电压下通过编写软件修改其中的资料。采用了这种可擦写的 EPROM，虽然使用户及时对 BIOS 进行升级处理，但同时也给病毒带来了可乘之机。

CIH 攻击的是计算机的 BIOS 系统，正常状况下开机后 BIOS 取得控制权，从 CMOS 读取系统参数，初始化并协调各个设备的数据流，此后控制权交给硬盘或软盘，最后是操作系统。CIH 发作时让 ROMBIOS 处于特殊的电子状态从而擦除 BIOS 中的资料，也可能低级格式化硬盘的主引导区。一旦 ROMBIOS 中的程序被破坏了，那么计算机连开机自检、系统引导都无法进行了，因而这台计算机就不能引导操作系统了。

CIH 病毒感染 32 位程序时并不增加被感染文件的长度，而是把病毒体拆成几部分，寻找被感染程序的空当插入。

CIH 病毒的加载、感染、破坏利用了 Windows 的 VXD（虚拟设备驱动程序）编程方法。使用这个方法的目的是获取高的 CPU 权限。CLH 病毒使用的方法是首先取得中断描述符表基地址，然后把 IDT 的 INT3H 的入口地址改为指向 CIH 自己的 INT3H 程序的入口地址，再产生一个 INT3H 指令使该病毒获得最高级别的运行权限。接着，CIH 病毒将检查 DR0 寄存器的值是否为 0，用以判断是否已有 CIH 病毒驻留。如果值不为 0，则表示 C1H 病毒程序已驻留，则此 CIH 副本将恢复原先的 INT3H 入口地址，然后正常退出。如果值为 0，则 CIH 病毒将尝试进行驻留，并将当前 EBX 寄存器的值赋给 DR0 寄存器，以生成驻留标记；然后调用 INT20H 中断，使用 VXDcallPageAllocate 系统调用功能，要求分配 Windows 系统的内存区。如果申请成功，则从被感染文件中将原先分成多段的病毒代码收集起来，并进行组合放到申请成功的内存空间中。

完成这些组合、放置过程后，CIH 病毒将再次调用 INT3H 中断来进入到 CM 病毒体的 INT3H 入口程序，接着通过调用 INT20H 来在文件系统处理函数中挂接钩子，以截取文件的入口，这样就完成了挂接钩子的工作。一旦出现开启文件的调用，则 CIH 将在第一时间截获此文件，并判断此文件是否为 PE 格式的可执行文件。如果是，则感染；否则放过去，将调用转接给正常的服务程序。当然，如果重新启动计算机，而不运行感染有 CIH 病毒的程序，则内存中不再存在病毒，因而更加具有隐蔽性。只有再一次运行含有 CIH 病毒的程序时，系统才再次携带病毒。带病毒的机器如果在 26 日运行，病毒将会发作。

（三）网络病毒

广义上认为，可以通过网络传播，同时破坏某些网络组件（服务器、客户端、交换和路由设备）的病毒就是网络病毒；狭义上认为，局限于网络范围的病毒就是网络病毒，即网络病毒应该是充分利用网络协议及网络体系结构作为其传播途径或机制，同时网络病毒的破坏也应是针对网络的。

1. 网络病毒的基本类型

（1）木马病毒是一种常见病毒，其主要潜伏在网银、QQ 等软件之中，此类木马病毒应用范围甚为广泛，也极易被用户所忽视。若木马病毒被激活出来，就需要重新安装系统，在此过程中，很可能会丢失用户基本数据与重要信息。

（2）蠕虫病毒的危害性非常强，此种病毒具有传播速度极快、传播范围十分广泛的特点，特别是借助用户网络平台来开展大范围的传播，会对网络用户构成诸多损失。此类病毒主要是借助对计算机自身系统漏洞来予以传播的，尤其是安全补丁所存在的不足，且用户也无法从中感知，然而，此时蠕虫病毒已然泛滥成灾。

2. 网络病毒的传播特征

（1）感染速度极快。单机运行条件下，病毒仅仅会经过软盘来由一台计算机感染到另一台，在整个网络系统中能够通过网络通信平台来进行迅速扩散。

（2）扩散面极广。在网络环境中，病毒的扩散速度很快，且扩散范围极广，会在很短时间内感染局域网之内的全部计算机，也可经过远程工作站来把病毒在短暂时间内快速传播至千里以外。

（3）传播形式多元化。对于计算机网络系统而言，病毒主要是通过"工作站 – 服务器工作站"的基本途径来传播。然而，网络病毒传播形式呈现多元化的特点。

第二节 计算机典型病毒分析

一、蠕虫病毒

凡是能够引起计算机故障，破坏计算机数据的程序我们都统称为计算机病毒。所以，从这个意义上说，蠕虫也是一种病毒。但与传统的计算机病毒不同，网络蠕虫病毒以计算机为载体，以网络为攻击对象，其破坏力和传染性不容忽视。

蠕虫是一种通过网络传播的恶性病毒，通过分布式网络来扩散传播特定的信息或错误，进而造成网络服务遭到拒绝并发生死锁。蠕虫是一种广义的计算机病毒。但蠕虫又与传统的病毒有许多不同之处，如不利用文件寄生、导致网络拒绝服务、与黑客技术相结合等。在产生的破坏性上，蠕虫病毒也不是普通病毒所能比拟的。

（一）蠕虫病毒的结构和传播

1.蠕虫病毒的基本结构

蠕虫病毒是一种自我复制的恶意软件，其基本结构包括以下部分：

（1）蠕虫病毒通常包含一个感染模块，用于寻找目标系统并将自身复制到目标系统上。感染模块会利用漏洞或弱点侵入目标系统，并将蠕虫的副本安装到目标系统中，从而实现蠕虫的传播。

（2）蠕虫病毒还包含一个传播模块，用于在感染了一个系统之后，将自身传播到其他系统。传播模块通常利用网络连接或共享资源等途径，向其他系统发送蠕虫的副本，以便进一步传播和感染更多的系统。

（3）蠕虫病毒还包括一个控制模块，用于控制蠕虫的行为和操作。控制模块可以接收外部命令或指令，从而改变蠕虫的行为，例如控制蠕虫开始或停止传播，修改传播策略，或执行其他恶意操作。

（4）蠕虫病毒通常还包含一个隐藏模块，用于隐藏自身的存在，防止被用户或安全软件发现和清除。隐藏模块可以通过修改文件属性、进程名称、注册表项等方式来隐藏蠕虫的轨迹，使其更难以被检测和清除。

（5）蠕虫病毒可能还包含其他的功能模块，例如数据窃取模块、后门模块等，用于执行特定的恶意操作，例如窃取用户信息、植入后门以实现持久性访问等。这些额外的功能模块可以根据蠕虫的设计和目的而有所不同，用于实现不同的攻击目标和策略。

2.蠕虫程序的传播过程

蠕虫程序的传播过程通常包括以下步骤：

（1）蠕虫程序通过感染模块侵入到目标系统中。感染模块利用系统或应用程序的漏洞或弱点，通过各种方式，如网络连接、共享资源、恶意链接等，将蠕虫程序的副本复制到目标系统中。

（2）一旦蠕虫程序成功感染了一个系统，它会利用传播模块寻找其他潜在的目标系统，并尝试将自身的副本传播到这些系统上。传播模块通常利用网络中的各种通信协议和服务，例如邮件服务、文件共享服务、远程执行服务等，以发送蠕虫的副本到其他系统。

（3）蠕虫程序会利用控制模块对传播行为进行管理和调控。控制模块可以接收外部命令或指令，从而改变蠕虫的传播策略和行为，例如调整传播速度、选择传播路径、修改传播方式等，以适应不同的环境和条件。

（4）蠕虫程序的传播过程可能会伴随着一系列的恶意操作，例如破坏系统文件、窃取用户信息、植入后门等。这些操作可以通过蠕虫程序中的额外功能模块来实现，从而对目标系统造成更严重的危害。

（二）计算机中蠕虫病毒的特征

计算机中的蠕虫病毒是一种具有独特特征的恶意程序。它无需计算机使用者的干预，即可自主运行，并通过获取网络中存在漏洞的计算机上的部分或全部控制权来进行传播。蠕虫病毒的特征主要表现在以下方面：

第一，蠕虫病毒具有自我复制的能力。当蠕虫被释放后，它能自主完成从搜索漏洞，到利用搜索结果攻击系统，再到复制副本的整个过程。这种自主性使得蠕虫病毒在传播上更加高效和隐蔽，与普通的计算机病毒相比，其传播速度和范围更高更广。

第二，蠕虫病毒善于利用系统漏洞。计算机系统中存在的漏洞是蠕虫病毒得以传播和破坏的入口。蠕虫病毒能够利用这些漏洞获得被攻击计算机的相应权限，从而实现自身的复制、传播以及对计算机系统的攻击和破坏。

第三，蠕虫病毒还具有遗留安全隐患的特点。它可能具备搜集、扩散、暴露用户信息等能力，并在系统中留下安全隐患。这些隐患可能在未来的某一时刻再次被触发，对计算机系统造成进一步的破坏。

第四，蠕虫病毒会消耗系统资源。当蠕虫病毒进入计算机系统后，它会在被侵入的计算机系统中产生若干个与自己相关的副本，这些副本会在一定时机启动搜索程序并寻找各自的攻击目标。大量的搜索程序会消耗计算机系统资源，导致计算机系统的相关性能变弱。

二、木马病毒

木马全称为特洛伊木马，在计算机安全学中，特洛伊木马是指一种计算机程序，表面上或实际上有某种有用的功能，而含有隐藏的可以控制用户计算机系统、危害系统安全的功能，可能造成用户资料的泄露、破坏或整个系统的崩溃。在一定程度上，木马也可以称为计算机病毒。木马病毒的检测

木马病毒是一种伪装成合法程序，但在背后实施恶意活动的计算机程序。与传统病毒相比，木马病毒更注重对系统的潜在入侵和控制，通常用于窃取用户信息、远程控制受感染系统或为后续攻击提供后门。鉴别和检测木马病毒是网络安全工作中的重要任务，木马病毒检测的方法和技术如下：

（一）特征识别

病毒特征识别是最基本的木马病毒检测方法之一，通过识别木马病毒的特征码或特征行为来进行检测。特征码是一组与病毒程序相关联的唯一字符串或二进制代码，可以通过病毒样本分析和特征码比对来实现。特征行为则是木马病毒在系统中的特定行为模式。基于病毒特征的识别方法需要及时更新病毒特征库，并且容易受到病毒变种和变形的影响。

（二）行为分析

行为分析通过监视系统进程、文件操作、网络通信等行为来检测潜在的木马病毒活动。行为分析技术可以识别不明程序的异常行为，如文件修改、注册表修改、网络连接等，从而发现潜在的木马病毒活动。这种方法能够有效应对未知木马病毒和变种，但也容易产生误报，需要结合其他检测方法进行验证。

（三）基于机器学习的检测

近年来，随着人工智能和机器学习技术的发展，基于机器学习的木马病毒检测方法逐渐成为研究热点。这种方法通过训练机器学习模型，利用大量已知木马病毒

样本和正常样本进行学习，从而实现对未知木马病毒的检测和分类。机器学习模型能够自动学习特征，并且具有一定的泛化能力，能够应对新型木马病毒和变种的检测挑战。

第三节　计算机病毒检测与恢复技术

一、计算机病毒检测技术

（一）内存扫描程序

内存扫描程序作为反病毒系统的重要组成部分，其核心功能在于直接搜索内存中的潜在病毒代码。在当前的网络安全环境中，不使用内存扫描功能的反病毒产品无疑面临着巨大的技术风险。这是因为内存不仅是程序运行的场所，更是病毒活动的关键区域。一旦内存中存在病毒，任何程序的执行都可能受到病毒的干扰和操控，从而严重影响检测结果的准确性。

内存扫描程序的重要性在于其能够实时、动态地监控内存状态，及时发现并清除病毒。然而，由于内存操作的复杂性和动态性，内存检测往往面临着较高的不确定性和技术挑战。因此，对于内存扫描程序的设计和实现，需要充分考虑其高效性、准确性和稳定性。

在进行磁盘病毒检测时，为了确保内存的清洁和病毒检测的有效性，使用未受病毒感染的 DOS 系统软盘进行冷启动是一种常见的做法。冷启动能够清除内存中可能存在的病毒，从而确保检测环境的纯净性。同时，这也避免了某些病毒通过截取键盘中断等方式驻留内存的风险。

当进行硬盘病毒检测时，系统软盘的选择也至关重要。为了保证检测的全面性和准确性，所使用的系统软盘版本应至少与硬盘内的 DOS 系统版本相匹配。若硬盘上使用了特定的磁盘管理软件或压缩存储技术，那么在软盘启动时还需加载相应的驱动程序，以确保系统能够正常访问硬盘上的所有分区，从而避免病毒漏检的情况发生。

（二）计算机病毒检测方法

1. 比较法

比较法是用原始备份与被检测的资料区域进行比较，从而发现病毒的方法。新病毒层出不穷，病毒传播得又很快，所以目前没有通用的万能的查毒软件，用这种方法发现某个程序中是否含有尚不能被现有的查病毒程序发现的计算机病毒。使用比较法能发现异常情况，如文件的长度有变化或虽然长度未变但文件内的程序代码变了，硬盘主引导区或DOS的引导扇区的程序代码是否发生了变化。由于要进行比较，因而比较法的前提和基础是保留好原始备份。制作备份必须在计算机无病毒的环境里进行。

2. 分析法

分析法是反病毒工作中不可或缺的重要技术，分析法的步骤包括：①确认被观察的磁盘引导区和程序中是否含有病毒；②确认病毒的类型和种类，判定其是否是一种新病毒；③搞清楚病毒体的大致结构，提取特征识别用的字节串或特征字，用于增添到病毒代码库中供病毒扫描和识别程序用；④详细分析病毒代码，为制定相应的反病毒措施制订方案。

任何一个性能优良的反病毒系统的研制和开发都离不开专门人员对各种病毒的详尽而认真的分析，它除要求分析人员具有比较全面和深入的操作系统结构和功能调用的知识与技巧外，还要对新的硬件产品的特性以及专用的分析软件较为熟悉，有时还需使用专用的硬设备进行辅助分析。因此，在不具备各种技术条件的情况下，不要轻易开始分析工作。

分析的步骤分为以下类型：

（1）静态分析。静态分析是指利用DEBUG反汇编程序将病毒代码打印成反汇编后的程序清单进行分析，看病毒分成哪些模块，使用了哪些系统调用，采用了哪些技巧，如何将病毒感染文件的过程翻译为清除病毒、修复文件的过程，哪些代码可被用作特征码以及如何防御这种病毒。分析人员具有的素质越高，分析过程越快、理解越深。

（2）动态分析。动态分析是指利用DEBUG程序调试工具在内存带毒的情况下，对病毒做动态跟踪，观察病毒的具体工作过程，以进一步在静态分析的基础上理解病毒工作的原理。

在病毒编码比较简单的情况下，动态分析不是必需的，但当病毒采用了较多的技术手段时，必须使用动、静相结合的分析方法才能完成整个分析过程。

3. 校验和法

运用校验和检查病毒通常采用以下方式：

（1）在检测病毒工具中纳入校验和法，对被查的对象文件计算其正常状态的校验和，将校验和值写入被查文件中或检测工具中，而后进行比较。

（2）在应用程序中，放入校验和法自我检查功能，将文件正常状态的校验和写入文件本身中，每当应用程序启动时，比较现行校验和与原校验和值，实现应用程序的自我检测。

（3）将校验和检查程序常驻内存，每当应用程序开始运行时，自动检查应用程序内部或别的文件中预先保存的校验和。

二、计算机感染病毒后的恢复技术

（一）计算机系统感染病毒后的恢复

1. 防御网络病毒

网络病毒要从服务器、工作站和网络管理多方面入手进行防御：

（1）服务器方面。对所有文件定期检查，实时在线扫描病毒；自动报告与病毒存盘；工作站定期扫描；检查对用户开放的特征接口；配备优秀的杀毒软件。

（2）工作站方面。定期对文件备份和病毒检测；确保远程资源没有携带病毒；对不能共享的软件，将其可执行文件备份到文件服务器；发现病毒应及时做好杀毒工作；采用软件、硬件综合防护。

（3）网络管理方面。制定严格的工作站安全操作规程，并对网络用户进行网络病毒教育；建立网络软件及硬件的维护制度，定期对工作站进行维护；建立网络系统软件安全管理制度；加强软件管理，禁止软件随意流通；设置正确的访问权限和文件属性。

2. 防止与修复引导记录病毒

（1）修复感染的软盘。要修复系统软盘，需要找到一个具有相同 DOS 版本的干净计算机。在这样的环境中，通过 SYSA：命令重新安装相关的 DOS 系统文件，可以覆盖引导记录中原有的自举内容。这样做可以有效覆盖病毒的自举程序，从而达到清除病毒的目的。

对于标准软盘的修复，操作步骤为：①为了确保数据安全，应将软盘上的所有文件备份到硬盘上；②利用 DOS 系统中的"FORMATA：/U"命令对软盘进行无条件格式化，这一步骤会重新写入软盘的引导记录，从而清除病毒的自举程序；③将之前备份的文件复制回软盘，完成修复过程。

在整个修复过程中，需要注意格式化操作会清除软盘上的所有数据，因此在进行此操作前，务必做好文件备份工作。此外，为了确保修复效果，建议在操作前对计算机进行病毒扫描，确保操作环境的安全。

（2）修复感染的主引导记录。修复主引导记录的有效方法之一是使用 FDISK 工具。具体来说，通过输入命令"FDISK/MBR"，可以重新写入主引导记录的自举程序，从而覆盖病毒的自举程序。这种方法虽然能够修复主引导记录，但并不能保证完全清除所有病毒，特别是那些已经感染系统文件或隐藏在其他位置的病毒。

硬盘重新格式化确实能够清除分区引导记录病毒，因为它会删除分区内的所有数据并重建文件系统。但是，重新格式化硬盘并不能直接破坏主引导记录病毒。这是因为主引导记录位于硬盘的特定位置，通常不会受到普通格式化操作的影响。为了彻底清除主引导记录病毒，需要使用专门的工具或命令来修复或重写主引导记录。在进行这些操作时，务必谨慎行事，以免误操作导致数据丢失或系统损坏。如果不确定如何进行，建议寻求专业的技术支持或参考相关的技术文档。

（3）利用反病毒软件修复。大多数反病毒程序确实使用自身的病毒扫描仪组件来检测并修复软引导记录、主引导记录和分区引导记录。一旦反病毒程序识别出病毒的类型，它便能定位病毒原先存放于主引导记录或分区引导记录的位置，进而覆盖受感染的引导记录。这是因为大多数病毒倾向于在相同的位置存放其引导记录。

在修复软盘感染或主引导记录感染时，反病毒程序可能会采用多种技术。如果反病毒程序无法找到其他未受感染的引导记录，它会运用一种特殊的类属例程，在受感染的引导记录上覆盖病毒的自举程序，从而清除病毒的影响。

3. 防止与修复可执行文件病毒

修复程序文件最有效的途径是用未感染的备份拷贝代替它，如果找不到备份，就使用反病毒程序修复。反病毒程序一般使用它们的病毒扫描仪组件检测并修复感染的程序文件，如果文件被非覆盖型病毒感染，那么这个程序很可能会被修复。

当非覆盖型病毒感染可执行文件时，它必须存放有关宿主程序的特定信息，这些信息用于在病毒执行完之后执行原来的程序。如果病毒中有这一信息，反病毒程序可以定位它，如果需要的话还要进行解密，然后把它复制回宿主文件相应的部分。最后，反病毒程序可以从文件中"切掉"病毒。

（二）计算机病毒的免疫

病毒免疫是指通过一定的方法使计算机自身具有抵御计算机病毒感染的能力。

一个真正的免疫软件，应使计算机具有一定的对付新病毒的能力。

第一，建立程序的特征值档案，这是对付病毒的最有效方法。对每一个一定的可执行装卸的二进制文件，在确保它没有被感染的情况下进行登记，然后计算出它的特征值填入表中。以后，每当系统的命令处理程序执行它的时候，先将程序读入内存，检查其特征是否有变化，由此决定是否运行该程序。对于那些特征值无故变异的程序，均应当做病毒的感染。本方法只能在操作系统引导以后发生作用。

第二，严格内存管理。许多抢在 DOS 之前进入内存的病毒，都是通过减少系统主存储器单元值的大小，从而在内存的高端空出一块 DOS 无法觉察的区域，给自己留下藏身之地。为了解决这一问题，一种方法是自行编制一个系统外围接口芯片，用于直接读出内存大小的 INT 12H 中断处理程序。需要注意的是，这个芯片必须在系统调用 INT 12H 之前设置完毕，以确保其能够正确地读取内存大小信息。

另一种解决办法是制作一个内存大小的备份记录。通过备份记录，我们可以对比当前内存大小与备份时的状态，从而发现是否被病毒篡改。这种方法可以有效监控内存的变动情况，提高系统的安全性。

第三，中断向量管理。病毒驻留内存时，确实会修改一些中断向量，因此事先保存 ROMBIOS 和 DOS 引导后的中断向量表备份是非常必要的。这样做可以在病毒修改中断向量后，通过对比备份的中断向量表，及时检测和修复被篡改的中断向量，从而保护系统的正常运行。

第四节　计算机网络病毒的防御策略

一、网络安全技术

（一）防火墙技术

"防火墙技术作为重要的防御技术，可以隔离内部安全网络与外部不信任网络，是计算机网络安全体系的重要组成部分。"[1] 防火墙技术就是一种将危险区域与安全

---

① 薛仓，张维航. 防火墙技术在计算机网络安全中的应用策略 [J]. 中国新通信，2023，25（24）：110.

区域隔离开的安全策略，长期以来一直是计算机安全的最重要防线。就其自身而言它是互联网的过滤器和隔离器，有很好抗冲击能力，有效地组织违规的病毒信息登录用户计算机端口，可以对公共网络与内部网络之间的连结进行有效控制，将病毒阻隔在外部网络中。

可预见的未来之中，防火墙技术将会不断推陈出新，现有的防火墙技术主要以互联网为依托，针对特定的地址与服务进行过滤，未来的防火墙一定会在数据内容与计算机运营状态上进行必要的检测，在保证数据包通信效率的同时，对常见的病毒载体，病毒常见代码进行扫描。同时，防火墙技术将不仅局限于网关技术与信息过滤，还将包含各类加密技术及身份验证，甚至包括利用防火墙构建的 VPN 网络。即使这样，人们依旧不能将对抗网络攻击的全部希望都寄托于防火墙，防火墙应当和其他技术结合到一起提升互联网的抗病毒侵害性能。因此，未来的防火墙技术将是多种复杂技术的结合体，而非局限于将病毒隔绝开来的一道墙。

（二）入侵检测技术

入侵检测，主要是针对黑客攻击等人为利用互联网侵入者留下的痕迹信息，例如登录页面的相关记录等，从类似信息中发现非法入侵者。这就要求系统拥有定的分析能力，能够对计算机的日志、互联网数据等进行分析，区分正常操作与外在入侵，从而判断出计算机是否处在一个安全的状态。入侵检测系统是物联网动态防御安全体系中的核心技术，可以有效的探测和控制未知的相关威胁。入侵检测实现的关键是以数据处理为中心，结合统计学神经网络等旁系科学与前沿科学的研究方法，才可以做到让互联网杀毒系统对侵入的病毒实时做出积极响应和有效防御。

对于网络安全管理员而言，入侵检测技术能够提升他们在应对当前网络风险，保护内部网络环境方面有着十分重要的意义。在防火墙基础上进行了有效补充，可以御敌于千里之外，对病毒的攻击在入侵前就实行拦截和快速消灭，可以有效避免或降低网络病毒对计算机用户造成的损失。

目前，自动化工具被应用于互联网攻击中，其技术手段之复杂和巧妙日趋高端。对此，对于网络攻击事件的判断处理对于是否能有效，准确的应对起着举足轻重的作用。科学地对各类互联网病毒进行分类，能够准确地分别来自互联网的攻击方法，同时能够将针对病毒的攻击与处理方法进行自我学习，提升自身的反入侵能力的主要工作之一。

例如，当年检测出网络负载为当前网络最大流量的 10%~20% 就被认为有恶意软件发动了入侵，但当流量继续成倍上升时，系统则会做出错误的判断，其误报率与漏检率会有较大程度的提高。所以，是否能够在大流量下对数据进行有效的实时分析，并做出准确的判断，是这项技术面对的最重要挑战。与此同时，当下的入侵检测还存在一个不足，在于其通常只能针对明文传输的数据展开检测，尚没有很好的策略针对加密数据包起到积极的检测防御作用。因此，未来的入侵检测系统势必要在加密文件检测上有所侧重。

（三）安全评价技术

安全评价技术指的是主机内已经保存有安全状态测评系统特征，当有数据流量时，此系统实时将当前网络配置和计算机状态与库里的标准比较，借此可以看出计算机是否存在异常，借以判断本机是否受到入侵攻击者在拟定攻击用户时，会检测网络是否在防火墙及入侵检测系统存在安全硬件、软件、协议的具体实现或系统安全策略的状态。但安全评价技术并不是针对病毒行为的评价，而是针对计算机自身，即自身的不良操作也在这种安全防护措施之中，是否存在被袭击风险的一种安全防护软件，可以有效地使网络管理员修复安全硬件、软件、协议的具体实现或系统安全策略上存在的缺陷，在网络病毒攻击网络或系统之前，能够做到防患于未然。

目前的安全测评系统报告病毒位置或降低某些特定威胁是基于搜索已知的危险系统配置。但是伴随着新的技术手段的出现，一种新的安全硬件、软件、协议的具体实现或系统安全策略上存在的缺陷在原来可能是被认为是不可想象的，这也预示着未来安全评价技术的发展趋势。

二、病毒检测机理

（一）病毒行为检测

病毒行为检测旨在通过分析病毒特有的行为模式来检测病毒的存在。当前，病毒的主要行为包括入侵计算机系统、破坏数据以及窃取敏感信息。通过汇总和分析这些行为，能够在病毒启动时识别其存在，并采取相应的防御措施。常见的病毒行为如下：

第一，病毒会占据INT13H功能。在操作系统启动时，INT13H功能负责初始化系统的各项功能。病毒通过占领INT13H功能，并强制初始化病毒代码，从而实现其攻击目的。这种行为是病毒为了在系统启动时加载自身代码而采取的常见手段。

第二，病毒会缩小计算机内存总量。由于病毒的运行需要占用一定的内存空间，并且需要保持常驻状态以避免被清理程序清除，病毒会修改计算机的内存总量信息，使系统忽略被病毒占用的部分内存。这是病毒早期对抗杀毒软件的一种策略。

第三，病毒会修改计算机文件。为了在计算机系统中长期存在并避免被轻易发现，病毒常常会对现有的 .exe 或 .com 文件进行修改，将自己潜伏其中。这种行为使得病毒能够更隐蔽地存在于系统中，增加了检测和清除的难度。

病毒行为检测技术虽然可以通过归纳法发现新的未知病毒并确认计算机的状态，但并不能精确地定位病毒所在位置。因此，它通常只能作为辅助手段，与其他病毒检测方法结合使用，以提高病毒检测的准确性和效率。

（二）特征代码技术

特征代码技术作为计算机病毒检测领域的一种传统方法，以其简洁性和高效性在计算机安全领域占据了一席之地。这种技术基于病毒代码的分解分析，通过比对扫描内容与病毒资料库中的特征代码，实现病毒的有效识别。

第一，特征代码技术的核心在于建立和维护一个全面且准确的病毒数据库。这一过程的实现需要采集和分析大量的病毒样本，提取出具有代表性和明显特征的病毒代码。然而，随着病毒种类的不断增加和病毒变异速度的加快，病毒数据库的更新和维护变得日益困难。同时，对于新型病毒的识别，特征代码技术往往存在滞后性，无法及时应对未知的病毒威胁。

第二，特征代码技术的检测效率随着病毒数据库规模的扩大而逐渐降低。由于特征代码技术采用的是穷举法为基础的检测方法，即逐一比对被检测文件与病毒库中的特征代码，这种方式的检测效率随着病毒库的增长而逐渐下降。当病毒库中的特征代码数量庞大时，检测过程将变得耗时且繁琐，降低了检测的便利性和实时性。

第三，特征代码技术对于隐蔽性较强的病毒往往束手无策。一些高级病毒能够采用各种手段来隐藏自身的特征代码，如自我变异、加密混淆等，使得传统的特征代码检测无法有效识别。同时，还有一些病毒能够针对检测工具进行有针对性的躲避，如修改自身代码以避免被特征代码技术检测到，或者在感染计算机后自我剔除特征代码，仅在内存中潜伏。这些病毒的隐蔽性和反检测能力使得特征代码技术的检测效果大打折扣。

（三）文件校验技术

病毒软件一般都不会单独存在，而是寄存在某个计算机程序之中，因此如同人类感染寄生虫一样，被寄存的程序占用空间会出现莫名的增大，或是发生档案日期被修改的情况，这都是文档程序被感染的特征。因此，防护软件会在确认安全的情况下将硬盘中的文件资料进行一次盘点，为所有正常的软件编写校验文件并保存。当该软件被激活时，防护软件会再一次验证校验文件，如果发现文件现状与之前的校验结果不同，则要考虑被病毒感染的可能。借用这种方法，不但可以发现已知病毒感染，还能发现未知病毒。具体的文件校验技术可分成以下方式：

第一，将文件校验程序与杀毒软件进行结合，在杀毒软件进行传统维护的过程中加入此项功能，将文件校验作为病毒防御工作之一来完成。

第二，将检验法以及自我查杀功能放入应用程序中，将校验状态和文件状态进行常态化对比，即在每次程序启动时，都进行这样的自我检测。也就是说当程序未启动时，将不需要对其进行反复的，多余的检测。

第三，在内存中，将这些检验和检测程序写入，总会在有程序被激活的时候同时开展检测程序，这种方法也能够避免重复的、多余的检测，只需要在需要的时候对文件中所保留的检验。

（四）软件模拟技术与预扫描技术

软件模拟技术，实际上就是复制并模拟运行当前的计算机状况，再将现有状况与正常状况进行对比，找寻其中的异同，借以发现病毒的运作机制。可见这是一种效率并不高的病毒检测手段，其主要针对的是多变的，以密码化运作的病毒。这种病毒很难从特征代码的角度识别，也很难定位，导致杀毒软件难以处理，但软件模拟技术可以为这样的顽固病毒创造解决途径。而更加深入的，从模拟 CPU 状态方面入手，则成为预扫描技术。这种方法比软件模拟法更加深入而基层，理论上可以模拟任何变种的、未知的病毒，但缺陷是很明显的，消耗的时间远远大于其他方法，以至于必须在预扫描的同时采取其他干预措施，才能防止病毒扩散以及干扰模拟技术，因此这类技术目前尚未得到市场的认可。

三、网络病毒防御策略

计算机病毒的设计者和以实际操作来入侵计算机的黑客这两个群体正在逐步合并，他们只是以不同的方法来针对计算机硬件、软件、协议的具体实现或系统安全策略上存在的缺陷，利用硬件、软件、协议的具体实现或系统安全策略上存在的缺陷传播病毒，入侵后台以及展开对系统的攻击，对计算机使用者造成阻碍。同时，还有一些针对性很强的病毒，专门对计算机服务设备进行攻击。同时，来自互联网的攻击方式也在不断更新，针对现在日趋流行的无线网络而设计的病毒正在占领新的市场，这也促使着计算机防御系统必须要有针对性地提升，当下的计算机病毒防御系统已经能够从原先的计算机之间的防御上升到网关，同时也包括某一区域内由多台计算机互联成的计算机组、连接不同地区某一区域内由多台计算机互联成的计算机组或城域网计算机通信的远程网，包括计算机之间的防火墙联动。

（一）单机病毒防御策略

计算机作为病毒传播的最终目的地，有效防御计算机终端上的病毒至关重要。对于任何计算机终端的使用者来说，保护计算机免受病毒侵害具有重要意义。在计算机病毒防御策略中，防御计算机终端是最常被提及的部分。目前，杀毒软件可以从多个角度对计算机进行防护，确保单机系统不会受到病毒的侵害。这些杀毒软件可以实时监测系统的活动，并对可疑文件进行扫描和检测，及时清除病毒威胁。此外，它们还提供了定期的病毒数据库更新和系统漏洞修复，以增强计算机的安全性和稳定性。

（二）邮件网关的病毒防御策略

在当下，尽管在我国的日常生活中，电子邮件的使用并不像在西方国家那样频繁，但在政府机构、科研院所等信息集中的单位中，电子邮件的使用却是十分频繁且集中的。这些单位作为信息交流的重要场所，常常成为邮件病毒的主要攻击对象。因此，尽管有人可能认为邮件病毒的时代已经过去，但实际上，邮件病毒的威胁仍然存在且不容忽视。

在这种背景下，邮件网关拦截系统显得尤为重要。该系统能够对进入单位网络的电子邮件进行实时监测和检测，及时拦截携带恶意病毒的邮件，从而有效阻止病毒传播。这种防护措施不仅保护了单位内部的网络安全，还防止了病毒通过电子邮件向外传播，最大程度地降低了病毒对整个网络环境的威胁。

除了拦截病毒邮件外，邮件网关还具有过滤功能，能够检测和过滤诈骗邮件、含有不良信息的邮件等。这种功能的存在，不仅有助于防范邮件病毒的攻击，还能有效保护单位员工不受到各种网络欺诈和不良信息的侵害。因此，邮件网关拦截系统在信息集中的单位中具有重要意义，能够为单位的网络安全和信息安全提供有效的保障。

四、分布式网络病毒报警系统模型

（一）网络病毒报警检测的机理

能够对病毒进行预警的第一步就是及时获知病毒情况，这就需要一个应用探针来完成，这个探针一般位于子网入口处，病毒可以通过特殊的协议很准确地找出子网不同的计算机所呈报的数据。之后，需要对收集的数据进行分析，主要利用特征代码检测、文件校验检测等技术来检查该计算机是否感染了已知或未知的病毒。同时在面对未知的，但是明显异常的数据时，使用软件模拟技术还原现实状况，利用这套报警系统可以最快的速度，最大的可能性检测出病毒，并在一定基础上降低误报率。

（二）网络病毒报警系统的整体架构

一点多线、优势集中的布局与管理模式被网络病毒报警系统所采用。在网络接口处放置监控探针，用以检测接入网络的计算机的运行状况，同时辅以病毒检测并行处理机制，控制病毒在网络中的扩散能力。探针的病毒检测库来自于病毒疫情管理中心，中心将负责维护探针的工作，并对其保持监控，保持探针功能的同时防止探针遭到病毒破坏而失去作用。管理中心会将探针检测到的数据进行汇总，除直接清除病毒外，对于疑难案件也可以收集汇总相关情况，及时了解病毒传播状况，并向系统内其他计算机发出警报。最后，管理中心还负责更新下游病毒防御系统的病毒库，让检测系统更加高效全面地检测系统。

（三）可扩展的子网划分模型

传统的网络属于共享式的，在某一区域内由多台计算机互联成的计算机组中每一台计算机都可以与其他计算机进行互动，包括但不限于探测相关的数据。而随着网络技术的发展，网络中出现越来越多的交换式网络，这对探针的探测增加了难度，传统的检测方式主要是针对树状结构的网络，子网的内容会毫无保留地传输到上级网络中，而交换式网络的发展带来了很多同级网络内部的信息数据，产生信息盲点。同时子网过大也会给探针带来压力，这个问题是亟待解决的。

本系统相较于其他系统具有特定的优势，主要体现在以下方面：

第一，本系统具有很强的扩展能力，本系统可以在注意到特定子网的重要性后，为其添加独立的探针，以增强检测能力，对于本身具有相当安全性的网络，亦可减少探针，以节约成本。添加探针的目的是侦测盲点，本系统可以根据盲点的位置来改变探针的设置方法。

第二，本系统的各级探针之间可以互相联动，当低一级网络中侦测出病毒疫情之时，可以向上汇报给更高级网络，于是其他地区的网络可以预先启动应急响应机制，阻止网络病毒向其他区域蔓延，将病毒爆发控制在最小范围。

参考文献

[1] 白紫星，戴华昇，宋怡景，等.基于多内核的操作系统内生安全技术 [J]. 集成电路与嵌入式系统，2024，24（01）：58.

[2] 薄涛.计算机网络安全防范及路由器故障排除 [J]. 电子技术与软件工程，2019（14）：206.

[3] 曹雅斌.网络信息安全专业人员培训认证探讨与实践 [J]. 信息安全研究，2018，4（12）：1124-1126.

[4] 曹一铎.基于网络传播的计算机病毒防御策略研究 [D]. 天津：天津工业大学，2019：14-50.

[5] 陈海红.路由器访问控制技术在校园网络安全中的应用 [J]. 信息通信，2019（06）：122-123.

[6] 陈亚东，张涛，曾荣，等.密钥管理系统研究与实现 [J]. 计算机技术与发展，2014（2）：156.

[7] 程明辉.Radius 服务器在校园网中的应用 [J]. 民营科技，2011（7）：33.

[8] 冯洪玉.网络普及背景下的计算机网络安全问题研究 [J]. 煤炭技术，2013，32（1）：234-236.

[9] 郭琼.计算机数据库的信息安全管理策略分析 [J]. 电子技术，2023，52（10）：326-327.

[10] 郭秀珍.网络安全技术在广播电视中的应用研究 [J]. 网络安全和信息化，2023（10）：137-139.

[11] 贺军忠.基于 Windows10 操作系统的安全加固 [J]. 科技创新与生产力，2023，44（05）：141-144.

[12] 贺立强，邹蕴珂，房潇，等.Linux 环境下达梦数据库管理系统安全配置研究 [J]. 网络安全技术与应用，2023（09）：4-6.

[13] 李芳，唐磊，张智.计算机网络安全 [M]. 成都：西南交通大学出版社，2017.

[14] 李家斌.计算机网络安全与防范技术研究 [J]. 煤炭技术，2012，31（4）：

189–191.

[15] 李江灵 . 计算机网络安全中漏洞扫描技术的研究 [J]. 电脑编程技巧与维护，2021（06）：168.

[16] 李瑞林 . 计算机数据库安全管理研究 [J]. 制造业自动化，2012，34（10）：24-26.

[17] 李彦 . 路由器和交换机安全技术应用研究 [J]. 华东科技，2023（02）：75-77.

[18] 梁瑞 . 网络信息安全技术管理的计算机应用探微 [J]. 中国设备工程，2023（21）：38-40.

[19] 刘斌，刘宛婷 . 探讨如何建立动态的网络信息安全防护体系 [J]. 数字传媒研究，2023，40（8）：41-47.

[20] 刘佃泉 . 基于信息发展下的计算机网络与经济发展的关系 [J]. 中国商贸，2013，（36）：148-149.

[21] 刘景云 . 强化路由器管理安全 [J]. 网络安全和信息化，2020（12）：137-141.

[22] 刘俊芳，谷利国，陈存田，等 .Linux 服务器系统漏洞分析与安全防护 [J]. 网络安全技术与应用，2023（05）：5-6.

[23] 刘延萍，鲁延灵 . 计算机网络安全防范及路由器故障排除 [J]. 电脑编程技巧与维护，2021（09）：174-176.

[24] 刘艳东 .Oracle 数据库安全隐患排查及维护措施 [J]. 无线互联科技，2023，20（16）：165-168.

[25] 刘永华，张秀洁，孙艳娟 . 计算机网络信息安全 [M]. 北京：清华大学出版社，2019.

[26] 罗慧，管海兵，白英彩 . 一个安全网络文件系统的设计与实现 [J]. 计算机应用与软件，2007（08）：168-169+182.

[27] 吕广喆，齐舸，李康 . 基于多核分区操作系统的 DDS 部署方法 [J]. 航空计算技术，2023，53（03）：84-86+91.

[28] 莫路芳，郭淑俊，王恰恰，等 . 浅析网络攻击与防御技术 [J]. 商，2013（13）：189.

[29] 潘力 . 入侵检测技术在计算机网络安全维护中的运用分析 [J]. 信息记录材料，

2023，24（4）：125–127.

[30] 盛硕，车堃，张涛，等 . 微服务场景下数据库安全研究 [J]. 科技创新与应用，2023，13（35）：129.

[31] 谭仁龙 .Linux 服务器安全措施探讨 [J]. 信息记录材料，2023，24（11）：39.

[32] 万宏凤，鹿艳晶 . 一种网络安全数据库在植保机系统中的应用 [J]. 农机化研究，2024，46（03）：195–199.

[33] 王冰 . 计算机网络数据库中的安全管理技术分析 [J]. 集成电路应用，2023，40（11）：46–47.

[34] 王博，吴健 . 一种网络文件安全存储系统的设计与实现 [J]. 微型电脑应用，2009，25（08）：36–38+5.

[35] 王东岳，刘浩，杨英奎 . 防火墙在网络安全中的研究与应用 [J]. 林业科技情报，2023，55（1）：198–200.

[36] 王海军 . 网络信息安全管理研究 [M]. 济南：山东大学出版社，2010.

[37] 王克难 . 信息技术时代的计算机网络安全技术探究 [J]. 煤炭技术，2013，（6）：222–223，224.

[38] 王晓霞，刘艳云 . 计算机网络信息安全及管理技术研究 [M]. 北京：中国原子能出版社，2019.

[39] 王仰玉 . 数字化时代企业网络信息安全体系建设研究 [J]. 网络安全技术与应用，2023（8）：98–100.

[40] 韦荣，许盛伟，方勇 . 网络文件传输系统安全评估及其改进方案 [J]. 仪器仪表用户，2007（06）：93–94.

[41] 魏万琼，王亦然 .Oracle 数据库安全及参数配置 [J]. 信息系统工程，2024（03）：63–65.

[42] 温爱华，张泰，刘菊芳 . 基于计算机网络信息安全技术及其发展趋势的探讨 [J]. 煤炭技术，2012，31（5）：247–248.

[43] 徐劲松 . 计算机网络应用技术 [M]. 北京：北京邮电大学出版社，2015.

[44] 徐云，李志强，许雪梅 . 数智化转型企业网络信息安全体系建设策略 [J]. 中国新通信，2024，26（2）：50–52.

[45] 薛仓，张维航 . 防火墙技术在计算机网络安全中的应用策略 [J]. 中国新通信，2023，25（24）：110.

[46] 闫勇.路由器的维护与安全设置策略 [J].中国新通信，2019，21（23）：130.

[47] 杨洋.分布式数据库隐私数据细粒度安全访问控制研究 [J].淮北师范大学学报（自然科学版），2024，45（01）：71-76.

[48] 尹智鹏，蒋广慧.数据库安全监控系统研究和设计 [J].网络安全和信息化，2023（08）：99-101.

[49] 于子凡.计算机网络原理及应用 [M].武汉：武汉大学出版社，2018.

[50] 张靖.网络信息安全技术 [M].北京：北京理工大学出版社，2020.

[51] 张奎，杨礼.访问控制列表在内外网隔离中的应用 [J].实验科学与技术，2019，17（05）：13.

[52] 张磊.大数据与网络信息安全管理解析 [J].科学与信息化，2023（19）：85-87.

[53] 张敏.数据库安全研究现状与展望 [J].中国科学院院刊，2011，26（03）：303-309.

[54] 张铭.基于防火墙技术的网络认证协议密钥交换算法 [J].互联网周刊，2023（2）：92-95.

[55] 张善勤.网络环境下的计算机病毒及其防范技术 [J].电脑知识与技术，2014，10（24）：5632.

[56] 张媛，贾晓霞.计算机网络安全与防御策略 [M].天津：天津科学技术出版社，2019.

[57] 钟玲.基于 Linux 操作系统的网络安全防护措施 [J].电子技术，2023，52（06）：56-57.

[58] 周经辉，黎增利.信息时代下网络安全管理法律体系的构建研究 [J].电脑知识与技术，2023，19（9）：85-87.